中等职业学校工业和
信息化精品系列教材

网店美工设计

项目式全彩微课版

主编：伍佳慧 管黎琳

副主编：陈艳 刘容容 蔡启茂

U0390228

人民邮电出版社

北 京

图书在版编目（C I P）数据

网店美工设计：项目式全彩微课版 / 伍佳慧，管黎琳主编. -- 北京：人民邮电出版社，2022.8
中等职业学校工业和信息化精品系列教材
ISBN 978-7-115-58824-1

Ⅰ. ①网… Ⅱ. ①伍… ②管… Ⅲ. ①图象处理软件－中等专业学校－教材 Ⅳ. ①TP391.413

中国版本图书馆CIP数据核字(2022)第040679号

内 容 提 要

本书全面、系统地介绍网店美工设计的相关知识和基本技巧，具体内容包括网店美工基础、商品图片处理、网店推广图片设计、店铺趣味海报设计、PC 端店铺首页设计、PC 端店铺详情页设计、无线端店铺设计和网店视频拍摄与制作等。

全书采用"项目—任务"编写方式，各项目均设有"相关知识"模块，帮助学生系统地了解网店设计的各类基础规范；每个任务分设"任务引入""任务实施"等模块，帮助学生掌握网店设计思路并完成相关任务。本书主要项目的最后还安排项目演练，以提升学生的综合应用能力。

本书可作为中等职业学校网店美工设计课程的教材，也可供网店设计相关人员学习参考。

◆ 主　　编　伍佳慧　管黎琳

　　副 主 编　陈　艳　刘容容　蔡启茂

　　责任编辑　王亚娜

　　责任印制　王　郁　焦志炜

◆ 人民邮电出版社出版发行　　北京市丰台区成寿寺路 11 号
　　邮编　100164　　电子邮件　315@ptpress.com.cn
　　网址　https://www.ptpress.com.cn
　　北京尚唐印刷包装有限公司印刷

◆ 开本：880×1230　1/16

　　印张：12.5　　　　　　　　　　2022 年 8 月第 1 版

　　字数：253 千字　　　　　　　　2022 年 8 月北京第 1 次印刷

定价：59.80 元

读者服务热线：(010)81055256　印装质量热线：(010)81055316
反盗版热线：(010)81055315
广告经营许可证：京东市监广登字 20170147 号

前 言

PREFACE

近年来，随着移动互联网的快速发展与消费结构的升级，电子商务行业日趋成熟，行业对网店美工的要求也愈发综合。目前，我国很多职业院校的电子商务类专业和数字艺术类专业，都将网店美工列为一门重要的专业课程。本书从人才培养目标、专业方案等方面做好顶层设计，明确专业课程标准，强化专业技能培训，安排教学内容，根据岗位技能要求引入企业真实案例。

根据职业院校的教学方向和教学特色，我们对本书的编写体系做了精心的设计，按照"任务引入—任务知识—任务实施"这一思路组织任务。此外，本书在内容编写方面，力求细致全面、重点突出；在文字叙述方面，注意言简意赅、通俗易懂；在案例选取方面，强调案例的针对性和实用性。

本书的配套微课视频可登录人邮学院（www.rymooc.com）搜索书名观看。本书除了提供书中所有案例的素材及效果文件，还提供 PPT 课件、教学大纲、教案等丰富的教学资源，任课教师可登录人邮教育社区（www.ryjiaoyu.com）免费下载使用。本书的参考学时为 64 学时，各项目的参考学时参见下面的学时分配表。

项目	课程内容	学时分配
项目 1	什么是网店美工——网店美工基础	8
项目 2	美化商品图片——商品图片处理	8
项目 3	制作亮眼的推广图片——网店推广图片设计	8
项目 4	提升海报的趣味性——店铺趣味海报设计	8
项目 5	打造出彩的店铺首页——PC 端店铺首页设计	8
项目 6	制作个性化的详情页——PC 端店铺详情页设计	8
项目 7	优化无线端店铺——无线端店铺设计	8
项目 8	打造生动的网店宣传片——网店视频拍摄与制作	8
学时总计		64

本书由伍佳慧、管黎琳任主编，陈艳、刘容容、蔡启茂任副主编，参与本书编写的还有龚子淳。由于编者水平有限，书中难免存在疏漏和不妥之处，敬请广大读者批评指正。

编者

2022 年 2 月

目 录
CONTENTS

**项目 8　打造生动的网店宣传片——
网店视频拍摄与制作 /170**

相关知识

项目1

01

什么是网店美工
——网店美工基础

　　随着移动互联网的发展及消费结构的升级，电子商务行业日趋成熟。同时，电子商务行业对电商设计从业人员的要求也发生了变化。因此，想要从事电商设计工作的人员需要系统地学习并更新自己的知识。本项目对网店美工的基础知识和网店装修的常用软件、风格定位、页面内容、设计要点及基本流程进行系统讲解。通过本项目的学习，读者可以对电商设计有一个宏观的认识，从而高效地进行后续的电商设计工作。

学习引导

知识目标

- 了解网店美工的基础知识
- 了解网店装修的常用软件
- 熟悉网店装修的风格定位
- 明确网店装修的基本流程

能力目标

- 掌握网店装修的软件操作
- 能够划分网店装修的页面内容
- 掌握网店装修的设计要点

素养目标

- 提高对网店美工的学习兴趣

相关知识：了解各大网店平台

　　电子商务经过多年的发展，无论是视觉呈现方式还是购买流程，都发生了翻天覆地的变化。当前，市场上存在多个定位不同、规模宏大、商品丰富、各方面都比较成熟的网店平台，下面简单地进行介绍，各网店平台的 Logo 如图 1-1 所示。

图 1-1

❶ 淘宝网

　　淘宝网是综合类 C2C 网上购物平台，由阿里巴巴集团创立，受到大众喜爱。

❷ 天猫商城

　　天猫商城是综合类 B2C 网上购物平台，原名淘宝商城，后更名为天猫商城，主要在淘宝网的基础上打造更加有品质的服务。

❸ 京东商城

　　京东商城是综合类 B2C 网上购物平台，在线销售数码产品、家居百货、服装饰品等优质商品。

任务 1.1　了解网店美工的基础知识

1.1.1　任务引入

　　本任务要求读者首先了解网店美工的相关知识，然后通过网络调研加深认识网店美工的内涵。

1.1.2　任务知识：网店美工简介

❶ 网店美工的概念

　　网店美工是指对淘宝网、天猫商城及京东商城等平台的网店进行页面美化工作的专业人员。有别于传统的平面设计师，网店美工不仅需要熟练掌握各种图像处理软件、熟悉网店页面设计与布局，还需要了解商品的特点，准确判断目标消费者的需求，提升商品的转化率。

❷ 网店美工的工作

网店美工的工作内容非常具有针对性，其主要工作都围绕自身服务的网店展开。与传统的平面设计师相比，对网店美工的工作内容要求普遍较高，其主要工作内容包括拍摄美化商品、设计装修网店、设计促销活动及运营推广商品等，如图 1-2 所示。

（a）拍摄美化商品　　　　　　　　　　　　　　　　　（b）设计装修网店

（c）设计促销活动　　　　　　　　　　（d）运营推广商品

图 1-2

❸ 网店美工需具备的能力

一名优秀的网店美工需要具备 4 个方面的能力：一是图像处理与设计能力，二是视频拍摄与剪辑能力，三是代码阅读与编辑能力，四是商品策划与推广能力。

1.1.3　任务实施

启动浏览器，打开百度百科首页，在搜索框中输入关键词"网店美工"，单击右侧的"进入词条"按钮或按 Enter 键，进入结果页面，如图 1-3 所示。

　　（a）百度百科首页　　　　　　　　　　　　　　　　　（b）百度百科结果页面

图 1-3

任务 1.2　　了解网店装修的常用软件

1.2.1　任务引入

　　本任务要求读者首先认识网店装修的常用软件；然后通过新建文件熟练掌握"新建"命令，通过打开图像熟练掌握"打开"命令，通过保存文件熟练掌握"保存"命令，通过关闭图像熟练掌握"关闭"命令。

1.2.2　任务知识：网店装修的常用软件

　　网店装修的常用软件包括视觉设计、视频剪辑及代码编辑这 3 类，如图 1-4 所示。

① 视觉设计类

　　Photoshop 是一款图像处理软件，主要用于商品修图、广告设计和页面设计。Illustrator 则是一款图形处理软件，主要与 Photoshop 搭配使用，用于页面中的字体设计与图标设计。Cinema 4D 是一款 3D 表现

图 1-4

软件，该软件弥补了传统平面视觉呈现的局限性，丰富了设计创意的表现形式。

② 视频剪辑类

　　Premiere、会声会影和快剪辑都是视频剪辑软件，用于剪辑网店中的主图视频和详情页广告视频。

③ 代码编辑类

　　Dreamweaver 是一款网页代码编辑软件，美工人员在进行网店的后台装修时，会运用该

软件为图片添加跳转链接。

1.2.3 任务实施

（1）新建文件。启动 Photoshop，选择"文件 > 新建"命令，或按 Ctrl+N 组合键，弹出"新建文档"对话框，如图 1-5 所示。在对话框中可以设置文件的名称、宽度和高度、分辨率、颜色模式等，设置完成后单击"创建"按钮，即可新建文件，如图 1-6 所示。

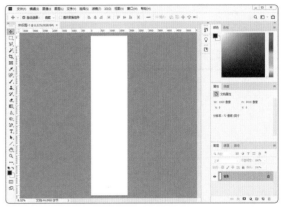

图 1-5   图 1-6

（2）打开文件。如果要对照片或图片进行修改和处理，就要在 Photoshop 中打开该文件。选择"文件 > 打开"命令，或按 Ctrl+O 组合键，弹出"打开"对话框，在对话框中搜索路径和文件，确认文件类型和名称。通过 Photoshop 提供的预览图标选择文件，如图 1-7 所示，然后单击"打开"按钮，或直接双击文件，即可打开指定的图像文件，如图 1-8 所示。

图 1-7   图 1-8

（3）保存文件。编辑和制作完图像文件后，需要对其进行保存。

选择"文件 > 存储"命令，或按 Ctrl+S 组合键，可以保存文件。当对设计好的作品进行第一次保存时，选择"文件 > 存储"命令，将弹出"另存为"对话框，如图 1-9 所示。在对话框中输入文件名、选择保存类型后，单击"保存"按钮，即可保存文件。

当对已保存的图像文件进行各种编辑操作后，选择"文件 > 存储"命令，将不弹出"另存为"对话框，计算机会直接保存最终确认的结果，并覆盖原始文件。

（4）关闭文件。文件保存完毕后，可以选择将其关闭。选择"文件 > 关闭"命令，或按 Ctrl+W 组合键，即可关闭文件。关闭文件时，若当前文件被修改过或是新建的文件，则会弹出提示框，如图 1-10 所示，单击"是"按钮即可保存并关闭文件。

图 1-9

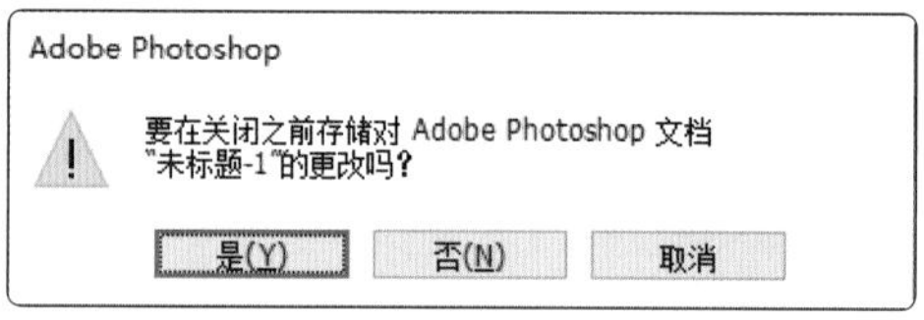

图 1-10

任务 1.3　熟悉网店装修的风格定位

1.3.1　任务引入

本任务要求读者首先了解目前的网店装修风格趋势；然后通过到淘宝网、天猫商城和京东商城等各大网店平台收集扁平化、立体化和插画风等不同风格的店铺截图，熟悉网店装修的风格定位。

1.3.2　任务知识：网店装修的风格趋势

目前，网店装修趋势主要偏向扁平化、立体化和插画风这 3 种风格，这 3 种风格在视觉表达上各有优势。

❶ 扁平化

以扁平化为主的设计通过字体、图形和色彩等元素打造出清晰的视觉层次，使得页面具有较强的可读性，如图 1-11（a）所示。

❷ 立体化

以立体化为主的设计运用 Cinema 4D 与 Octane Render 搭配进行建模渲染，呈现出别具一格的画面效果，使得页面立体生动，如图 1-11（b）所示。

3 插画风

以插画风为主的设计运用手绘笔触绘制出各种富有个性的形象，使得页面丰富有趣，如图 1-11（c）所示。

（a）　　　　　　　　　　　（b）　　　　　　　　　　　（c）

图 1-11

1.3.3 任务实施

（1）启动浏览器，打开淘宝官网，在搜索框中输入关键词"电视"，如图 1-12 所示，单击右侧的"搜索"按钮或按 Enter 键，进入搜索页面。

图 1-12

（2）将鼠标指针放置在需要浏览的店铺名称上，如图 1-13 所示，单击即可打开店铺页面，如图 1-14 所示。

（3）浏览整个页面后，在浏览器的工具选项中选择"保存完整网页为图片"命令，如图 1-15 所示。在弹出的"另存为"对话框中设置文件名和保存类型，如图 1-16 所示，单击"保存"按钮，将网页作为图片保存。

图 1-13   图 1-14

图 1-15   图 1-16

任务 1.4   划分网店装修的页面内容

1.4.1   任务引入

本任务要求读者首先了解店铺页面的构成；然后通过划分店铺的首页和详情页，加深对店铺页面构成的认知。

1.4.2   任务知识：店铺页面构成

1 店铺首页的页面构成

在 PC 端中，首页通常由店招/导航、轮播海报、优惠券、分类导航、商品展示和底部信息组成，如图 1-17（a）所示。在无线端中，首页除了尺寸有变化，页面构成与 PC 端几乎相同。部分店铺会根据商家需求，自行选择加入文字标题、店铺热搜、排行榜和更多商品等模块，如图 1-17（b）所示。

❷ 店铺详情页的页面构成

在 PC 端中，详情页通常由主图、左侧区域及详情区域组成，如图 1-18（a）所示。在无线端中，详情页除了尺寸有变化，页面构成与 PC 端相比缺少了左侧区域，如图 1-18（b）所示。

（a）PC 端首页的页面构成　（b）无线端首页的页面构成

图 1-17

（a）PC 端详情页的页面构成　（b）无线端详情页的页面构成

图 1-18

1.4.3 任务实施

（1）启动 Illustrator，打开云盘中的"Ch01> 任务 1.4 划分网店装修的页面内容 > 素材 > 01"文件，如图 1-19 所示。使用"直线段"工具 ／ 和"文字"工具 Ｔ 划分网店的首页，效果如图 1-20 所示。

（2）使用相同的方法，打开云盘中的"Ch01> 任务 1.4 划分网店装修的页面内容 > 素材 > 02"文件，如图 1-21 所示。使用"矩形"工具 ▦ 和"文字"工具 Ｔ 划分网店的详情页，效果如图 1-22 所示。

图 1-19

图 1-20

图 1-21

图 1-22

任务 1.5   掌握网店装修的设计要点

1.5.1   任务引入

本任务要求读者首先了解网店装修的设计要点；然后通过标记设计图片的基础元素，熟练掌握基础元素在网店装修中的应用；通过标记设计图片的基础色彩，熟练掌握基础色彩在网店装修中的应用；通过标记设计图片的字体类型，熟练掌握不同字体在网店装修中的应用；通过标记设计图片的版式构图，熟练掌握版式构图在网店装修中的应用。

1.5.2   任务知识：网店装修的设计要点

① 基础元素

点、线、面是设计构成中的三大基本元素，网店美工在设计网店时，将三者结合使用，可以营造出丰富的画面效果。

◎ 点

点是构成一切形态的基础，是最基本的视觉单位，具有凝聚视线的作用。点的形状多种多样，可分为圆点、方点、角点等规则点和自由随意、形态不定的不规则点两类。通过改变点的大小、形状和位置，可以在画面中产生不一样的效果，如图 1-23 所示。

◎ 线

线是点移动的轨迹，也是面的边缘，具有分割画面和处理界限的作用。线的形状多种多样，总的来说可以分为直线和曲线。通过改变线的粗细、形状、长短和角度，可以在画面中产生不一样的效果。图1-24所示为直线的应用效果。

（a）规则点的应用　　　　　　　　　　　　　　　　　（b）不规则点的应用

图1-23

图1-24

◎ 面

面是线移动的轨迹，可以拆分为点型的面和线型的面及两者结合的面。面的形状多种多样，针对网店设计，常用的形状有矩形、三角形、圆形等几何形状和墨迹、泥点、撕纸等偶然形状。通过改变面的形状，可以在画面中产生不一样的效果，如图1-25所示。

图1-25

❷ 色彩搭配

网店的色彩可以带给消费者强烈的视觉冲击力，网店美工在设计时，应围绕主色、辅助色和点缀色，运用科学的搭配方法，打造出色彩协调、颜色舒适的画面，如图1-26所示。

◎ 色彩搭配基础

图1-26

主色是画面中占用面积最大、最醒目的色彩，它决定了整个画面的色调。网店美工在选择主色时，应综合考虑商品风格、消费人群等因素。

辅助色是用于衬托主色的色彩，其占用面积仅次于主色，使用辅助色可以使画面色彩更加丰富、美观。

点缀色是画面中占用面积最小但较醒目的色彩，合理使用点缀色可以起到锦上添花的作用。

◎ 色彩搭配方法

马赛克提取法是常用的色彩搭配方法，主要通过 Photoshop 实现。打开 Photoshop，置入图片，选择"滤镜 > 像素化 > 马赛克"命令，选取合适的颜色，如图 1-27 所示。

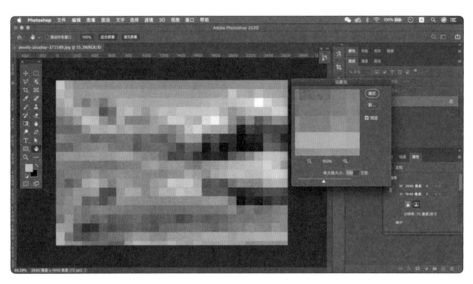

图 1-27

有以下 4 类图片不建议使用马赛克提取法提取颜色：低质量、PSD 格式、插画及产品摄影类的图片，如图 1-28 所示。

（a）低质量图片

（b）PSD 格式图片

（c）插画图片

（d）产品摄影类图片

图 1-28

色彩搭配还可以通过在线工具进行，比较常用的是 Adobe Color 在线工具，如图 1-29 所示。

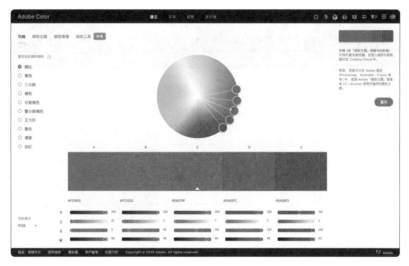

图 1-29

❸ 文字设计

文字是网店设计中重要的组成部分，与色彩同等重要。网店美工在设计时，应选择符合画面风格的字体并调整合适的字号、间距及行距。下面对文字设计进行详细的讲解。

◎ 字体与字号

PC 端网店中，文字最小字号建议为 18 点；无线端网店中，文字最小字号建议为 30 点。

宋体属于衬线（serif）字体，其笔画有粗细变化，通常是横细竖粗，末端有装饰部分，点、撇、捺、钩等笔画有尖端。宋体字有着纤细优雅、文艺时尚的特点，常用于珠宝首饰、美妆护肤等以女性消费者为主的店铺设计中，如图 1-30 所示。

黑体属于等线（arial）字体，笔画横平竖直，粗细一样，没有衬线装饰。黑体字有着方正粗犷、朴素简洁的特点，常用于以男性消费者为主的店铺设计中，如图 1-31 所示。

图 1-30

图 1-31

书法体是指传统书写字体，可分为篆、隶、草、行、楷五大类。书法体字有着自由多变、苍劲有力的特点，常用于茶叶等需要表达传统的古典氛围的店铺设计中，如图 1-32 所示。

图 1-32

美术体是指非正式的、特殊的印刷字体，可以起到美化的效果。美术体字有着美观醒目、变化丰富的特点，适用于各种商品广告，既可用于传达促销信息，又可用于表现商品调性，如图 1-33 所示。

◎ 间距与行距

网店中文字的间距建议在字号的 1/5 以内，行距建议为字号的 1/2，并且要大于间距。

图 1-33

4 版式构图

不同的版式构图会给消费者带来不同的视觉感受，网店美工在设计时，应使用合理的构图方式构造统一、协调的画面。

◎ 左右构图

左右构图是指将画面根据黄金比例进行分割，主体可放置于画面的左侧或右侧。这种构图极具美学价值，能够表现出和谐感与美感，如图 1-34 所示。

◎ 上下构图

上下构图是指将画面根据黄金比例进行分割，主体通常放置于画面的下方，作为视觉重点；文字则放置于画面的上方，承载阅读信息。这种构图呈现的视觉效果平衡且稳定，如图 1-35 所示。

图 1-34

图 1-35

◎ 居中构图

居中构图是指将主体放置于画面的中心位置，这种构图能够使主体快速吸引消费者的目光，并表现出稳定、均衡的感觉，如图 1-36 所示。需要注意的是，在使用居中构图时，可以在小范围内加入装饰元素以避免画面过于呆板。

◎ 对角线构图

对角线构图是指将主体放置于画面的斜对角位置，这种构图能够更好地呈现主体，表现出立体感、延伸感和运动感，如图 1-37 所示。

图 1-36

图 1-37

1.5.3 任务实施

（1）启动 Illustrator，打开云盘中的"Ch01> 任务 1.5 掌握网店装修的设计要点 > 素材 > 01"文件。

（2）分别使用"椭圆"工具 ◉、"直线段"工具 ╱ 和"文字"工具 T 标记钻展图片的基础色彩，包括主色、点缀色和辅助色，效果如图 1-38 所示。标记钻展图片的字体类型，包括美术体和黑体，效果如图 1-39 所示。

图 1-38

图 1-39

（3）使用相同的方法，分别使用"矩形"工具 ▣、"圆角矩形"工具 ▣、"椭圆"工具 ◉、"直线段"工具 ╱ 和"文字"工具 T 标记钻展图片的基础元素，包括点、线和面，效果如图 1-40 所示。标记钻展图片的版式构图为居中构图，效果如图 1-41 所示。

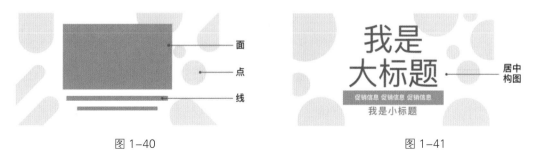

图 1-40   图 1-41

任务 1.6　明确网店装修的基本流程

1.6.1　任务引入

本任务要求读者首先了解网店装修的基本流程；然后通过到相关网站收集女性护肤品的素材，进一步熟悉网店装修的基本流程。

1.6.2　任务知识：网店装修的基本流程

网店装修的基本流程分为需求分析、素材收集、视觉设计、审核修改、完稿切图和上传装修 6 个步骤。图 1-42 所示为其中 5 个步骤的示意图。

（a）需求分析

（b）素材收集

（c）视觉设计

（d）完稿切图　　　　　　（e）上传装修

图 1-42

1.6.3　任务实施

（1）启动浏览器，打开花瓣网官网，单击右侧的"登录 / 注册"按钮，如图 1-43 所示，在弹出的对话框中选择登录方式并登录，如图 1-44 所示。

图 1-43　　　　　　　　　　　　　　　图 1-44

（2）在搜索框中输入关键词"化妆品素材"，如图 1-45 所示，按 Enter 键，进入搜索页面。

图 1-45

（3）单击页面左上角的"画板"按钮，选择需要的类别。单击"关注"按钮，如图 1-46 所示，收藏需要的画板。

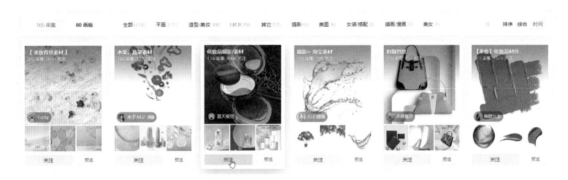

图 1-46

02

项目2

美化商品图片
——商品图片处理

商品图片的美化处理是网店美工的首要工作任务，常用的美化处理图片的方法有裁剪、抠图、调色及修图等。美化后的商品图片能够激发消费者的购买欲望，从而提高销量。本项目对美化处理商品图片的基础知识进行系统讲解，并针对不同情景及典型行业的商品图片美化处理进行任务演练。通过本项目的学习，读者可以对商品图片的美化处理有一个系统的认识，并快速掌握商品图片的美化原则和处理方法，为接下来的设计打好基础。

学习引导

知识目标

- 掌握裁剪处理基础知识
- 掌握抠图处理基础知识
- 掌握调色处理基础知识
- 掌握修图处理基础知识

能力目标

- 了解商品图片的美化原则
- 掌握商品图片的处理方法

素养目标

- 培养对商品图片的审美鉴赏能力
- 培养对商品图片的美化创作能力

实训任务

- 裁剪校正角度倾斜的图片
- 裁剪校正透视变形的图片
- 用"多边形套索"工具抠图
- 用"魔棒"工具抠图
- 用"钢笔"工具抠图
- 调整偏色图片
- 使图片更出色
- 让图片更清晰
- 修复图像瑕疵
- 复制取样图像

相关知识：商品图片美化处理基础知识

由于拍摄环境、拍摄器材和拍摄水平等条件的限制，拍摄出的商品照片通常无法直接使用。此时，需要网店美工对照片的尺寸、构图、水印及色差等进行一系列的美化处理。

1　裁剪处理基础知识

裁剪处理即对拍摄出来的照片进行尺寸、构图和形状等的调整，使照片符合网店装修的要求，如图2-1所示。常见的裁剪方法有使用"裁剪"工具 🔧 裁剪和使用"透视裁剪"工具 🔧 裁剪等。

2　抠图处理基础知识

抠图处理即将照片中的商品图像从背景中分离出来，以便进行后期的图像合成与设计，如图2-2所示。常见抠图方法有使用"多边形套索"工具 ⬡ 抠图、使用"魔棒"工具 ✎ 抠图和使用"钢笔"工具 ✎ 抠图等。

　（a）裁剪前　　　　（b）裁剪后　　　　　（a）抠图前　　　　（b）抠图后

　　　　　图2-1　　　　　　　　　　　　　　　图2-2

3　调色处理基础知识

调色处理即对因为环境光线、相机曝光或白平衡等参数设置不当而造成的色调不理想或存在偏色的照片进行颜色调整，如图2-3所示。常见的调色方法有调整可选颜色、调整色相 / 饱和度和锐化等。

4　修图处理基础知识

修图处理即对照片中的瑕疵和水印等进行清除，使照片的细节呈现更加精准，如图2-4所示。常见的修图方法有使用"污点修复画笔"工具 🖌 修复和使用"仿制图章"工具 ⬛ 修复等。

　（a）调色前　　　　（b）调色后　　　　　（a）修图前　　　　（b）修图后

　　　　　图2-3　　　　　　　　　　　　　　　图2-4

任务 2.1　裁剪校正角度倾斜的图片

2.1.1　任务引入

本任务要求读者首先认识"裁剪"工具；然后通过裁剪校正钙片图片，熟练掌握"裁剪"工具 ъ.的使用方法。

2.1.2　任务知识："裁剪"工具

"裁剪"工具 ъ.的属性栏如图 2-5 所示。

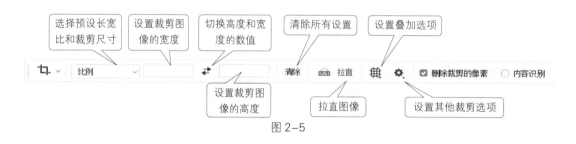

图 2-5

2.1.3　任务实施

【效果所在位置】云盘 /Ch02/ 任务 2.1 裁剪校正角度倾斜的图片 / 工程文件。

（1）按 Ctrl+O 组合键，打开云盘中的"Ch02 > 任务 2.1 裁剪校正角度倾斜的图片 > 素材 > 01"文件，如图 2-6 所示。选择"裁剪"工具 ъ.，按住鼠标左键，在图像中拖曳出一个裁剪区域。松开鼠标，绘制出矩形裁剪框，效果如图 2-7 所示。

图 2-6

图 2-7

（2）将鼠标指针放置在裁剪框的左下角，鼠标指针会变为双向箭头形状 ✎，按住鼠标左键拖曳裁剪框，可以调整裁剪框的大小，效果如图 2-8 所示。

（3）可以对已经绘制好的矩形裁剪框进行旋转，将鼠标指针放置在裁剪框的外边，鼠标指针会变为旋转箭头形状↰，按住鼠标左键拖曳即可旋转裁剪框，效果如图 2-9 所示。在矩形裁剪框内双击或按 Enter 键，即可完成图像的裁剪，效果如图 2-10 所示。

图 2-8　　　　　　　　　　图 2-9　　　　　　　　　　图 2-10

任务 2.2　裁剪校正透视变形的图片

微课

裁剪校正透视变形的图片

2.2.1　任务引入

本任务要求读者首先认识"透视裁剪"工具；然后通过裁剪校正手提包图片，熟练掌握"透视裁剪"工具 ▣ 的使用方法。

2.2.2　任务知识："透视裁剪"工具

"透视裁剪"工具 ▣ 的属性栏如图 2-11 所示。

图 2-11

2.2.3　任务实施

【效果所在位置】云盘 /Ch02/ 任务 2.2 裁剪校正透视变形的图片 / 工程文件。

（1）按 Ctrl+O 组合键，打开云盘中的 "Ch02 > 任务 2.2 裁剪校正透视变形的图片 > 素材 > 01" 文件，如图 2-12 所示。

（2）选择"透视裁剪"工具 ▣，在图像中按住鼠标左键，拖曳出一个裁切区域。松开鼠标，在所选图片周围会形成裁剪框，以方便准确裁剪透视图像，效果如图 2-13 所示。

图 2-12

图 2-13

（3）按住 Shift 键分别向中间拖曳裁剪框左上角和右上角的控制手柄到适当位置，使网格与需要调整的图形大致平行，如图 2-14 所示。按 Enter 键确定操作，即可完成图像的裁剪，效果如图 2-15 所示。

图 2-14

图 2-15

任务 2.3　用"多边形套索"工具抠图

微课

用"多边形套索"工具抠图

2.3.1　任务引入

本任务要求读者首先认识"多边形套索"工具；然后通过用"多边形套索"工具抠取化妆品，熟练掌握"多边形套索"工具 的使用方法。

2.3.2　任务知识："多边形套索"工具

"多边形套索"工具 的属性栏如图 2-16 所示。

图 2-16

2.3.3 任务实施

【效果所在位置】云盘 /Ch02/ 任务 2.3 用"多边形套索"工具抠图 / 工程文件。

（1）按 Ctrl+O 组合键，打开云盘中的"Ch02 > 任务 2.3 用"多边形套索"工具抠图 > 素材 > 01"文件，如图 2-17 所示。选择"多边形套索"工具 ，沿着图像边缘绘制选区，如图 2-18 所示。

图 2-17　　　　　　　　　　　　　　图 2-18

（2）按 Ctrl+C 组合键，复制选区中的图像。按 Ctrl+N 组合键，在弹出的"新建文档"对话框中进行设置，如图 2-19 所示，单击"创建"按钮，新建文档如图 2-20 所示。

（3）在新建文档的图像窗口中按 Ctrl+V 组合键粘贴复制的图像，抠图完成，如图 2-21 所示。

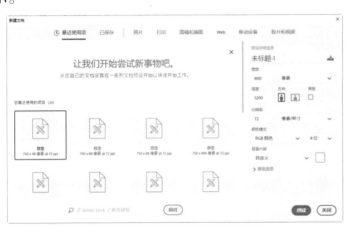

图 2-19　　　　　　　　　　　图 2-20　　　　　图 2-21

任务 2.4 用"魔棒"工具抠图

2.4.1 任务引入

本任务要求读者首先认识"魔棒"工具；然后通过用"魔棒"工具抠取耳机，熟练掌握"魔棒"工具 的使用方法。

2.4.2　任务知识："魔棒"工具

"魔棒"工具🪄的属性栏如图 2-22 所示。

图 2-22

2.4.3　任务实施

【效果所在位置】云盘 /Ch02/ 任务 2.4 用"魔棒"工具抠图 / 工程文件。

（1）按 Ctrl+O 组合键，打开云盘中的"Ch02 > 任务 2.4 用"魔棒"工具抠图 > 素材 > 01"文件，如图 2-23 所示。

图 2-23

（2）选择"魔棒"工具🪄，在属性栏中单击"添加到选区"按钮🗅，将"容差"设置为 30，如图 2-24 所示。在图像的灰色背景区域中单击建立选区，如图 2-25 所示。按 Shift+Ctrl+I 组合键，反向选择选区，如图 2-26 所示。

图 2-24

图 2-25

图 2-26

（3）按 Ctrl+C 组合键，复制选区中的图像。按 Ctrl+N 组合键，在弹出的"新建文档"对话框中进行设置，如图 2-27 所示，单击"创建"按钮，新建文档如图 2-28 所示。

图 2-27

（4）在新建文档的图像窗口中按 Ctrl+V 组合键粘贴复制的图像，单色背景抠图完成，如图 2-29 所示。

图 2-28

图 2-29

任务 2.5　用"钢笔"工具抠图

微课

用"钢笔"
工具抠图

2.5.1　任务引入

本任务要求读者首先认识"钢笔"工具；然后通过用"钢笔"工具抠取沙发，熟练掌握"钢笔"工具 ⬮.的使用方法。

2.5.2　任务知识："钢笔"工具

"钢笔"工具 ⬮.的属性栏如图 2-30 所示。

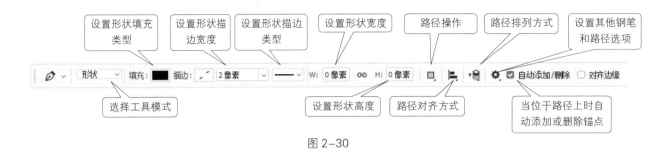

图 2-30

2.5.3　任务实施

【效果所在位置】云盘 /Ch02/ 任务 2.5 用"钢笔"工具抠图 / 工程文件。

（1）按 Ctrl+O 组合键，打开云盘中的"Ch02 > 任务 2.5 用"钢笔"工具抠图 > 素材 >
01"文件。选择"钢笔"工具 ⌀.，将属性栏中的"选择工具模式"设置为"路径"，沿着
椅子边缘单击生成锚点，如图 2-31 所示。继续沿着椅子边缘绘制闭合路径，如图 2-32 所示。
绘制完成后，按 Ctrl+Enter 组合键，将绘制的闭合路径转换为选区，如图 2-33 所示。

图 2-31

图 2-32

图 2-33

（2）按 Ctrl+C 组合键，复制选区中的图像。按 Ctrl+N 组合键，在弹出的"新建文档"
对话框中进行设置，如图 2-34 所示，单击"创建"按钮，新建文档如图 2-35 所示。

图 2-34

（3）在新建文档的图像窗口中按 Ctrl+V 组合键粘贴复制的图像，抠图完成，如图 2-36 所示。

图 2-35

图 2-36

任务 2.6　调整偏色图片

微课

调整偏色图片

2.6.1　任务引入

本任务要求读者首先了解"可选颜色"命令；然后通过调整高跟鞋图片颜色，熟练掌握"可选颜色"命令的使用方法。

2.6.2　任务知识："可选颜色"命令

选择"图像 > 调整 > 可选颜色"命令，弹出"可选颜色"对话框，如图 2-37 所示，可通过设置对话框中的各个选项调整偏色图片。

图 2-37

2.6.3　任务实施

【效果所在位置】云盘 /Ch02/ 任务 2.6 调整偏色图片 / 工程文件。

（1）按 Ctrl+O 组合键，打开云盘中的"Ch02 > 任务 2.6 调整偏色图片 > 素材 > 01"文件，如图 2-38 所示。

（2）选择"图像 > 调整 > 可选颜色"命令，弹出"可

图 2-38

选颜色"对话框，调整"可选颜色"对话框中的各个选项，如图 2-39 和图 2-40 所示，调整后的图像效果如图 2-41 所示。

| 图 2-39 | 图 2-40 | 图 2-41 |

任务 2.7　使图片更出色

微课

使图片更出色

2.7.1　任务引入

本任务要求读者首先了解"色相 / 饱和度"命令；然后通过调整相机图片色调，熟练掌握"色相 / 饱和度"命令的使用方法。

2.7.2　任务知识："色相 / 饱和度"命令

选择"图像 > 调整 > 色相 / 饱和度"命令，弹出"色相 / 饱和度"对话框，如图 2-42 所示，可通过设置对话框中的各个选项调整图片色调。

图 2-42

2.7.3　任务实施

【效果所在位置】云盘 /Ch02/ 任务 2.7 使图片更出色 / 工程文件。

（1）按 Ctrl+O 组合键，打开云盘中的"Ch02 > 任务 2.7 使图片更出色 > 素材 > 01"文件，如图 2-43 所示。

（2）选择"图像 > 调整 > 色相 / 饱和度"命令，弹出"色相 / 饱和度"对话框，各选项的设置如图 2-44 所示。单击"确定"按钮，效果如图 2-45 所示。

图 2-43

图 2-44

图 2-45

任务 2.8　　使图片更清晰

2.8.1　任务引入

本任务要求读者首先认识"锐化"工具；然后通过使饰品图片更清晰的操作，熟练掌握"锐化"工具 △ 的使用方法。

2.8.2　任务知识："锐化"工具

"锐化"工具 △ 的属性栏如图 2-46 所示。

| 打开"画笔预设"选取器 | 切换"画笔设置"面板 | 绘画模式 | 描边强度 | 从复合数据中取样仿制数据 | 保护细节时最小化像素 |

图 2-46

2.8.3　任务实施

【效果所在位置】云盘 /Ch02/ 任务 2.8 使图片更清晰 / 工程文件。

（1）按 Ctrl+O 组合键，打开云盘中的"Ch02 > 任务 2.8 使图片更清晰 > 素材 > 01"文件。选择"锐化"工具 △.，在属性栏中进行设置，如图 2-47 所示。

图 2-47

（2）按住鼠标左键，在图像窗口中拖曳可使图像产生锐化效果。原图像和锐化后的图像效果分别如图 2-48 和图 2-49 所示。

图 2-48

图 2-49

任务 2.9　修复图像瑕疵

微课

修复图像瑕疵

2.9.1　任务引入

本任务要求读者首先认识"污点修复画笔"工具；然后通过修复高跟鞋图像瑕疵，熟练掌握"污点修复画笔"工具 ✐.的使用方法。

2.9.2　任务知识："污点修复画笔"工具

"污点修复画笔"工具 ✐.的属性栏如图 2-50 所示。

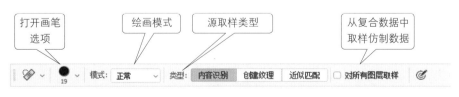

图 2-50

2.9.3 任务实施

【效果所在位置】云盘 /Ch02/ 任务 2.9 修复图像瑕疵 / 工程文件。

（1）按 Ctrl+O 组合键，打开云盘中的 "Ch02> 任务 2.9 修复图像瑕疵 > 素材 > 01" 文件，如图 2-51 所示。

（2）选择 "污点修复画笔" 工具 ，其属性栏设置如图 2-52 所示，在图像中需要修复的位置进行涂抹，效果如图 2-53 所示。

图 2-51 　　　　　　　　　图 2-52 　　　　　　　　　图 2-53

任务 2.10 复制取样图像

微课

复制取样图像

2.10.1 任务引入

本任务要求读者首先认识 "仿制图章" 工具；然后通过复制取样挂饰图像，熟练掌握 "仿制图章" 工具 的使用方法。

2.10.2 任务知识："仿制图章" 工具

"仿制图章" 工具 的属性栏如图 2-54 所示。

打开 "画笔预设" 选取器　切换 "画笔设置" 面板　效果模式　始终对 "不透明度" 使用 "压力"　启用喷枪样式的建立效果　仿制样本模式

切换仿制源面板

图 2-54

2.10.3　任务实施

【效果所在位置】云盘 /Ch02/ 任务 2.10 复制取样图像 / 工程文件。

（1）按 Ctrl+O 组合键，打开云盘中的"Ch02 > 任务 2.10 复制取样图像 > 素材 > 01"文件，如图 2-55 所示。

（2）选择"仿制图章"工具 ，在属性栏中设置画笔的大小为 800 像素，硬度为 10%。将鼠标指针放置在图像中需要取样的位置，按住 Alt 键，鼠标指针变为圆形十字形状 ⊕，如图 2-56 所示，单击确定取样点，松开鼠标，移动鼠标指针到合适的位置，按住鼠标左键并拖曳，复制出取样点及其周围的图像，效果如图 2-57 所示。

图 2-55　　　　　　　　　　图 2-56　　　　　　　　　　图 2-57

任务 2.11　项目演练——调整曝光不足的商品图片

2.11.1　任务引入

微课

调整曝光不足
的商品图片

本任务要求读者通过调整曝光不足的商品图片，熟练掌握"曲线"命令和"色阶"命令的使用方法。

2.11.2　任务实施

【素材所在位置】云盘 /Ch02/2.11 项目演练——调整曝光不足的商品图片 / 素材 / 01。

【效果所在位置】云盘 /Ch02/2.11 项目演练——调整曝光不足的商品图片 / 工程文件，如图 2-58 所示。

图 2-58

项目3

制作亮眼的推广图片
——网店推广图片设计

03

设计网店推广图片是网店美工需要完成的重要工作任务，推广图片通常包括主图、车图及钻展图。通过精心设计的网店推广图片，能够提升商品的点击率、促进商品的转化率。本项目对网店推广图片的设计基础知识进行系统讲解，并针对流行风格及典型行业的网店推广图片设计进行任务演练。通过本项目的学习，读者可以对网店推广图片的设计有一个系统的认识，并快速掌握网店推广图片的设计规范和制作方法，为接下来设计店铺趣味海报打好基础。

学习引导

知识目标
- 掌握主图设计基础知识
- 掌握直通车图设计基础知识
- 掌握钻展图设计基础知识

能力目标
- 了解网店推广图片的设计思路
- 掌握网店推广图片的制作方法

素养目标
- 培养对网店推广图片的审美鉴赏能力
- 培养对网店推广图片的设计创作能力

实训任务
- 设计家用电器主图
- 设计健康钙片直通车图
- 设计生鲜食品钻展图

相关知识：网店推广图片设计基础知识

网店推广图片是消费者接触店铺商品的主要方式。作为传递商品信息的核心，网店推广图片需要有较强的吸引力，才能促使消费者点击浏览，因此主图、直通车图、钻展图等网店推广图片的视觉效果在很大程度上影响着点击率。

1 主图设计基础知识

主图即商品的展示图，是用于体现商品特色的图片。商品主图最多可以有5张，最少必须有1张。这些主图通常在详情页中进行展示，第一张主图还会在搜索页中进行展示，因此需要网店美工进行重点设计，如图3-1所示。

（a）淘宝网搜索页主图展示　　　　　　　　　　（b）淘宝网详情页主图展示

图3-1

主图根据尺寸可分为两种：一种是正主图，尺寸为800像素×800像素；另一种是配合主图视频方便移动端消费者观看的竖图，尺寸为750像素×1000像素，如图3-2所示。另外主图的大小必须控制在500KB以内。

图3-2

主图的常用构图有左右构图、上下构图和对角线构图3种。在不影响构图的前提下，左右构图和对角线构图中的文字与图片可以根据设计的美观度进行位置调换，主图有时也会进行打标，以作推广使用，如图3-3所示。

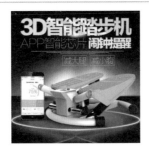
（a）上下构图

（b）左右构图

（c）对角线构图

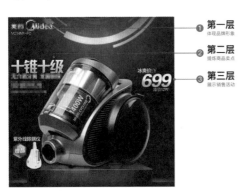
（d）主图打标

图 3-3

　　进行主图设计时，文字层级需要明确，通常会进行 3 种层级的设计。第一层体现品牌形象，主要为网店的 Logo 与名字等，既可以加深消费者对店铺的印象又可以防止盗图。第二层提炼商品卖点，主要体现商品优势，可以是商品的款式、功能和材质介绍，也可以是商品的价格信息，直接打动消费者。第三层展示销售活动，主要以"限时抢购"等促销文案给消费者带来不买就错过的紧迫感，如图 3-4 所示。

　　主图的背景通常以图片场景和纯色背景为主。图片场景大部分使用的是生活类场景，可以令消费者产生代入感；纯色背景需要使用干净的颜色，这样可以起到烘托商品的作用，不建议使用大量花哨的颜色，如图 3-5 所示。

图 3-4

图 3-5

❷ 直通车图设计基础知识

　　直通车是淘宝网的一种付费推广方式，与主图不同的是直通车图需要商家付费购买图片展示位置，以实现商品的推广。直通车图通常位于搜索页和消费者必经的其他高关注、高流量的位置。

◎ 搜索页直通车展位

搜索页直通车展位包括搜索页上方右侧提示有"掌柜热卖"的 1 ~ 3 个展示位、右侧的 16 个竖向展示位和底部的 5 个横向展示位，图 3-6 所示为部分展示。

◎ 消费者必经的其他高关注、高流量直通车展位

消费者必经的其他高关注、高流量直通车展位包括首页下方的"猜你喜欢"展示位、"我的淘宝"页面中购物车下方的展示位、"已买到的宝贝"页面下方的"热卖单品"展示位、收藏夹页面底部的展示位和阿里旺旺 PC 端的每日掌柜热卖展示位，其中热卖单品的展示位如图 3-7 所示。

图 3-6

图 3-7

直通车图的设计尺寸和版式构图与主图一致，但直通车图推广营销的内容会表现得更加强烈。进行直通车图设计时，为了提高点击率，需要对文字内容进行提炼设计。例如，低价商品需要强调商品的价格和活动，中高端商品需要强调商品的品质、销量及效果，高端商品需要强调商品自身的品牌形象，如图 3-8 所示。

图 3-8

虽然直通车图是商家付费推广的，但商品之间依然存在着激烈的竞争。因此网店美工可以通过一些特殊方法令设计的直通车图在众多图片中脱颖而出。例如可以运用独特的商品拍摄角度、夸张的文案和精美的商品搭配等令直通车图快速吸引消费者。另外，若商品本身的吸引力足够强，则只需要少量的文字和干净的背景来凸显商品的质感，如图 3-9 所示。

❸ 钻展图设计基础知识

钻展图即钻石展位图，是一种强有力的营销方式。与直通车图一样，钻展图也需要商家付费购买展示位，以此进行商品、活动甚至是品牌的推广，吸引消费者点击。钻展图通常位于电商平台首页的醒目位置，如图 3-10 所示。

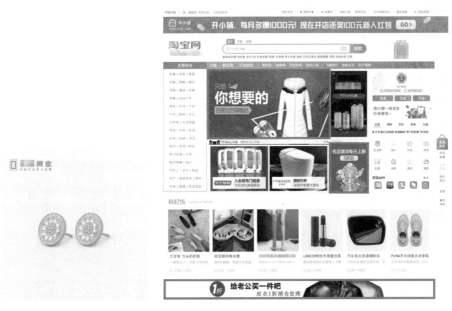

图 3-9　　　　　　　　　图 3-10

钻展图由于投放位置不同，其尺寸也各异。钻展图的常见尺寸主要可以分为以下3 类。

◎ 首页主焦点钻展图

这类钻展图位于淘宝网首页上方，是整个淘宝网首页的视觉中心。其尺寸为 520 像

素 ×280 像素，由于尺寸较大，能够更好地展示商品与文案，因此价格通常较昂贵，如图 3-11 所示。

　　◎ 首页次焦点钻展图

　　这类钻展图位于淘宝网首页焦点钻展图的右下角，是首页一屏的黄金位置。其尺寸为 160 像素 ×200 像素，由于尺寸较小，因此主要用来展示商品。图中文案要精简，但需要加大字号，如图 3-12 所示。

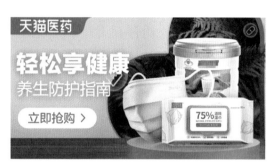

图 3-11

图 3-12

　　◎ 首页通栏钻展图

　　这类钻展图位于淘宝网首页"有好货"的下方，这是首页的重要位置。其尺寸为 375 像素 ×130 像素，性价比合适，设计时需要图文结合，如图 3-13 所示。

图 3-13

　　钻展图的版式构图比较丰富，常用的有左右构图、上下构图、居中构图和对角线构图。在不影响版式构图的前提下，左右构图和对角线构图中文字与图片可以根据设计的需要进行位置调换。居中构图又可以细分出左中右、上中下、放射性等不同形式的构图，如图 3-14 所示。

（a）左右构图

图 3-14

（b）对角线构图

（c）居中构图（上中下）

（d）居中构图（放射性）

图3-14（续）

　　进行钻展图设计时，为了提高点击率，需要先确定推广内容，再根据内容进行素材和文案的设计。钻展图的推广内容通常可以分为3种，第一种推广单品，素材多选择单品，文案以商品卖点及促销信息为重点，如图3-15所示。

图3-15

　　第二种推广活动或店铺，素材多选择商品的组合形式或模特图片，文案以折扣促销为重点，如图3-16所示。

　　第三种推广品牌，素材多选择与品牌相关的，文案会弱化促销效果，强化品牌形象，如图3-17所示。

图3-16

图3-17

虽然钻展图是商家付费推广的，但商品之间依然存在着激烈的竞争。因此网店美工可以通过一些特殊方法令设计的钻展图更加引人注目。例如，可以直接运用商品图作为背景，简洁醒目，快速吸引消费者；或者将文字和商品进行适当的角度倾斜，令整个画面富有张力，更能吸引消费者，如图 3-18 所示。

图 3-18

任务 3.1　设计家用电器主图

3.1.1　任务引入

本任务要求读者首先认识"横排文字"工具，"画笔"工具；然后通过设计用电器主图，掌握主图的设计要点与制作方法。

3.1.2　设计理念

在设计过程中，围绕主体物风扇进行创作。主图背景为室内环境，给消费者带来身临其境之感；以绿叶作为元素有序展开，实现点缀效果。色彩选取蓝色、红色和绿色，分别表现科技、促销和环保。字体选用汉仪天宇风行体和方正兰亭黑体，起到了呼应主题的作用。采用黄金比例分割的左右构图表现和谐美感。主图的整体设计充满特色，契合主题。最终效果如图 3-19 所示，文件为"云盘 /Ch03/ 任务 3.1 设计家用电器主图 / 工程文件"。

图 3-19

3.1.3　任务知识："横排文字"工具、"画笔"工具

"横排文字"工具 T.和"画笔"工具 ✍.的属性栏如图 3-20 所示。

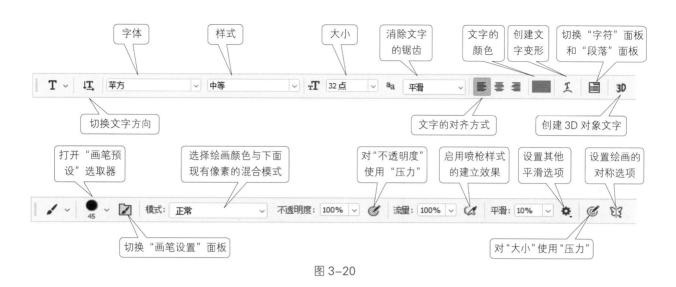

图 3-20

3.1.4 任务实施

（1）按 Ctrl+N 组合键，弹出"新建文档"对话框，设置宽度为 800 像素，高度为 800 像素，分辨率为 72 像素 / 英寸，颜色模式为 RGB，背景内容为白色，如图 3-21 所示，单击"创建"按钮，新建一个文件。

（2）按 Ctrl+O 组合键，打开云盘中的"Ch03 > 任务 3.1 设计家用电器主图 > 素材 > 01 ~ 03"文件。选择"移动"工具 ，将"01""02""03"图像分别拖曳到新建的图像窗口中适当的位置，如图 3-22 所示，在"图层"面板中生成新的图层，将它们分别重命名为"背景""电扇完整""电扇侧面"。

图 3-21

图 3-22

（3）选中"电扇完整"图层，单击"图层"面板下方的"创建新图层"按钮 ，生成新的图层，将其重命名为"阴影"，如图 3-23 所示。

（4）选择"椭圆"工具 ，在属性栏的"选择工具模式"下拉列表中选择"像素"选项，将前景色设置为棕色（94、70、57），在图像窗口中绘制一个椭圆形，如图 3-24 所示。选择"滤镜＞模糊＞高斯模糊"命令，在弹出的对话框中进行设置，如图3-25所示，单击"确定"按钮，效果如图3-26所示。

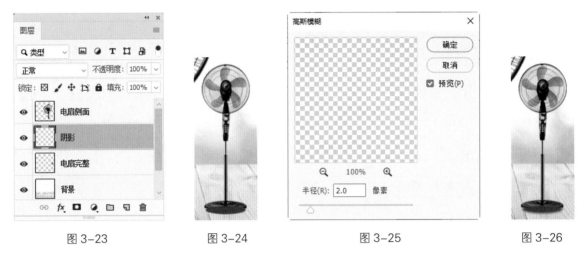

图3-23　　　　　　　　图3-24　　　　　　　　图3-25　　　　　　　　图3-26

（5）单击"图层"面板下方的"添加图层样式"按钮 fx，在弹出的菜单中选择"渐变叠加"命令，弹出"图层样式"对话框。单击"渐变"下拉列表框 ，弹出"渐变编辑器"对话框。在"位置"文本框中分别输入0、100两个位置点，分别设置两个位置点的颜色为棕色（94、70、57）、浅棕色（125、101、87），如图3-27所示，单击"确定"按钮。返回"图层样式"对话框，其他选项的设置如图3-28所示，单击"确定"按钮，效果如图3-29所示。

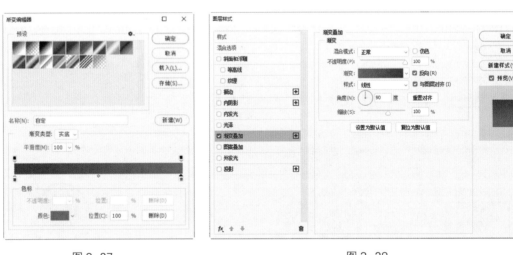

图3-27　　　　　　　　　　　　　　　图3-28

（6）在"图层"面板中，将"阴影"图层拖曳到"电扇完整"图层的下方，如图3-30所示，效果如图3-31所示。

（7）选中"电扇侧面"图层，按Ctrl+O组合键，打开云盘中的"Ch03＞任务3.1设计家用电器主图＞素材＞04"文件。选择"移动"工具 +，将"04"图像拖曳到图像窗口中适当的位置，并调整角度，如图3-32所示，在"图层"面板中生成新的图层，将其重命名为"光"，在"图层"面板上方设置混合模式为"滤色"，效果如图3-33所示。

图 3-29   图 3-30   图 3-31

（8）单击"图层"面板下方的"添加图层蒙版"按钮◻，为图层添加蒙版。将前景色设置为黑色，按 Alt+Delete 组合键，用前景色填充蒙版。选择"画笔"工具✎，在属性栏中选择合适的大小，将前景色设置为白色，在图像窗口中进行涂抹，擦出需要的部分。使用相同的方法再次制作光效，效果如图 3-34 所示。

图 3-32   图 3-33   图 3-34

（9）在"图层"面板中选中"电扇侧面"图层，单击"图层"面板下方的"创建新的填充或调整图层"按钮◉，在弹出的菜单中选择"亮度/对比度"命令，在"图层"面板中生成"亮度/对比度"调整图层，同时弹出亮度/对比度"属性"面板。单击"此调整影响下面的所有图层"按钮↙日，使其显示为"此调整剪切到此图层"按钮↙日，其他选项设置如图 3-35 所示，按 Enter 键确定操作，效果如图 3-36 所示。使用相同的方法分别调整其他图层，如图 3-37 所示，效果如图 3-38 所示。

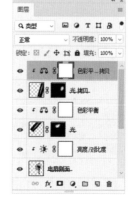

图 3-35   图 3-36   图 3-37   图 3-38

（10）按 Ctrl+O 组合键，打开云盘中的"Ch03 ＞任务 3.1 设计家用电器主图 ＞素材 ＞ 05、06"文件。选择"移动"工具 ⊕，将"05"和"06"图像分别拖曳到图像窗口中适当的位置，如图 3-39 所示，在"图层"面板中生成新的图层，分别将它们重命名为"叶子 1"和"叶子 2"。选中"叶子 2"图层，单击"图层"面板下方的"添加图层样式"按钮 ƒx，在弹出的菜单中选择"投影"命令，弹出"图层样式"对话框，设置投影颜色为棕色（90、73、63），其他选项的设置如图 3-40 所示，单击"确定"按钮，效果如图 3-41 所示。

（11）按住 Shift 键单击"阴影"图层，同时选取需要的图层。按 Ctrl+G 组合键，为图层编组并将其重命名为"商品"。

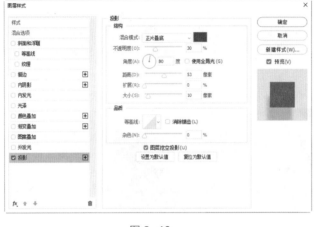

图 3-39   图 3-40   图 3-41

（12）选择"横排文字"工具 T，在适当的位置输入需要的文字并选取文字，选择"窗口 ＞字符"命令，弹出"字符"面板，设置合适的字体、大小和颜色，按 Enter 键确定操作，在"图层"面板中生成新的文字图层。使用上述的方法为文字添加"渐变叠加"效果，效果如图 3-42 所示。

（13）选择"圆角矩形"工具 ▢，在属性栏的"选择工具模式"下拉列表中选择"形状"选项，将填充颜色设置为渐变色，分别设置 0、100 两个位置点的颜色为浅蓝色（0、242、254）、深蓝色（1、94、234），其他设置如图 3-43 所示。将描边颜色设置为无，在图像窗口中绘制一个圆角矩形，如图 3-44 所示，在"图层"面板中生成新的形状图层"圆角矩形 1"。

（14）使用上述的方法输入文字，设置文字填充颜色为白色，并设置合适的字体和大小，效果如图 3-45 所示，在"图层"面板中生成新的文字图层。按住 Shift 键单击"大风力"图层，同时选取需要的图层。按 Ctrl+G 组合键，为图层编组并将其重命名为"特点"。

（15）选择"文件 ＞置入嵌入对象"命令，弹出"置入嵌入的对象"对话框。选择云盘中的"Ch03 ＞任务 3.1 设计家用电器主图 ＞素材 ＞07"文件，单击"置入"按钮，将图像置入图像窗口中，按 Enter 键确定操作。将图像拖曳到适当的位置，效果如图 3-46 所示，"图层"面板中生成新的图层，将其重命名为"图标"。

图 3-42　　　　　　　　图 3-43　　　　　　　　图 3-44　　　　　　　图 3-45

（16）选择"移动"工具 ⊕ ，按住 Alt+Shift 组合键垂直向下拖曳图标到适当的位置，复制图标。使用相同的方法再复制一个图标，效果如图 3-47 所示，在"图层"面板中分别生成新的图层。

（17）使用上述的方法分别输入文字，设置文字填充颜色为黑色，并设置合适的字体和大小，效果如图 3-48 所示，在"图层"面板中分别生成新的文字图层。按住 Shift 键单击"图标"图层，同时选取需要的图层。按 Ctrl+G 组合键，为图层编组并将其重命名为"卖点"。

图 3-46　　　　　　　　　　　图 3-47　　　　　　　　　　图 3-48

（18）选择"矩形"工具 □ ，在属性栏中将填充颜色设置为渐变色，分别设置 0、100 两个位置点的颜色为浅玫红色（250、26、99）、深玫红色（251、56、176），其他设置如图 3-49 所示。将描边颜色设置为无，在图像窗口中绘制一个矩形，如图 3-50 所示。使用相同的方法绘制其他矩形，效果如图 3-51 所示，在"图层"面板中分别生成新的形状图层"矩形 1""矩形 2""矩形 3"。

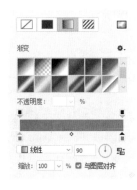

图 3-49　　　　　　　　　　图 3-50　　　　　　　　　　图 3-51

（19）选择"圆角矩形"工具 □ ，在图像窗口中绘制一个圆角矩形，在"图层"面板中生成新的形状图层，将其重命名为"圆角矩形 2"，在"属性"面板中设置半径，如图 3-52 所示，效果如图 3-53 所示。选择"直接选择"工具 ▶，单击以选取需要的锚点，将其拖曳到适当的位置，如图 3-54 所示。使用相同的方法调整其他锚点，效果如图 3-55 所示。

图 3-52　　　　　　　　　　图 3-53　　　　　　　　　　图 3-54

（20）使用上述方法输入文字，设置文字填充颜色为白色，并设置合适的字体和大小，效果如图 3-56 所示，在"图层"面板中生成新的文字图层。按住 Shift 键单击"矩形 1"图层，同时选取需要的图层。按 Ctrl+G 组合键，为图层编组并将其重命名为"领券"。

图 3-55　　　　　　　　　　图 3-56

（21）选择"矩形"工具 ▭，在属性栏中将填充颜色设置为渐变色，分别设置 0、100 两个位置点的颜色为浅蓝色（0、236、253）、深蓝色（1、102、235），如图 3-57 所示。将描边颜色设置为无，在图像窗口中绘制一个矩形，如图 3-58 所示。在"图层"面板中生成新的形状图层，将其重命名为"联保矩形"。

（22）选择"圆角矩形"工具 ▭，在属性栏中设置半径为 40 像素，在图像窗口中绘制一个圆角矩形，在"图层"面板中生成新的形状图层，将其重命名为"活动矩形"。在属性栏中将填充颜色设置为渐变色，分别设置 0、100 两个位置点的颜色为浅玫红色（250、25、96）、深玫红色（251、61、189），如图 3-59 所示，效果如图 3-60 所示。

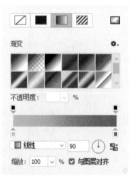  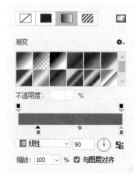 

图 3-57　　　　　　　　图 3-58　　　　　　　　图 3-59　　　　　　　　图 3-60

（23）使用上述方法调整锚点并添加阴影效果，如图 3-61 所示。使用上述方法分别输入文字，设置文字的填充颜色为白色，并设置合适的字体和大小，效果如图 3-62 所示，在"图层"面板中分别生成新的文字图层。按住 Shift 键单击"联保矩形"图层，同时选取需要的图层。按 Ctrl+G 组合键，为图层编组并将其重命名为"价格"。

图 3-61

图 3-62

（24）选择"文件 > 导出 > 存储为 Web 所用格式（旧版）"命令，在弹出的对话框中进行设置，如图 3-63 所示，单击"存储"按钮，导出效果图。至此，家用电器主图制作完成。

图 3-63

任务 3.2　设计健康钙片直通车图

微课

设计健康医疗
直通车图

3.2.1　任务引入

本任务要求读者首先认识"渐变"工具和"亮度 / 对比度"命令；然后通过设计健康钙片直通车图，掌握直通车图的设计要点与制作方法。

3.2.2 设计理念

在设计过程中，围绕主体物钙片进行创作。直通车图的背景为室外环境，给消费者带来清新自然之感。色彩选取绿色、黄色和橙色体现了健康和促销氛围。字体选用胡晓波男神体和思源黑体，起到了呼应主题的作用。采用黄金比例分割的左右构图，表现和谐美感。整体设计充满特色，契合主题。最终效果如图 3-64 所示，文件为"云盘 /Ch03/ 任务 3.2 设计健康钙片直通车图 / 工程文件"。

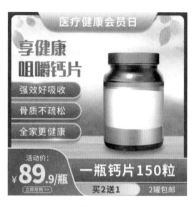

图 3-64

3.2.3 任务知识："渐变"工具、"亮度 / 对比度"命令

"渐变"工具 ■ 的属性栏和"亮度 / 对比度"对话框如图 3-65 所示。

图 3-65

3.2.4 任务实施

（1）按 Ctrl+N 组合键，弹出"新建文档"对话框，设置宽度为 800 像素，高度为 800 像素，分辨率为 72 像素 / 英寸，颜色模式为 RGB，背景内容为白色，如图 3-66 所示，单击"创建"按钮，新建一个文件。

（2）按 Ctrl+O 组合键，打开云盘中的"Ch03 > 任务 3.2 设计健康钙片直通车图 > 素材 > 01 ~ 03"文件。选择"移动"工具 ⊕，将"01""02""03"图像分别拖曳到新建的图像窗口中适当的位置，如图 3-67 所示，在"图层"面板中生成新的图层，将它们分别重命名为"山""蓝天""木板"。

图 3-66   图 3-67

（3）在"图层"面板中选中"蓝天"图层，单击"图层"面板下方的"添加图层蒙版"按钮 ，为图层添加蒙版。选择"渐变"工具 ，单击属性栏中的"点按可编辑渐变"下拉列表框 ，弹出"渐变编辑器"对话框，将渐变色设置为白色到黑色，如图 3-68 所示。在图像窗口中从上到下拖曳鼠标指针，填充渐变色，效果如图 3-69 所示。使用相同的方法调整"山"图层，如图 3-70 所示，效果如图 3-71 所示。

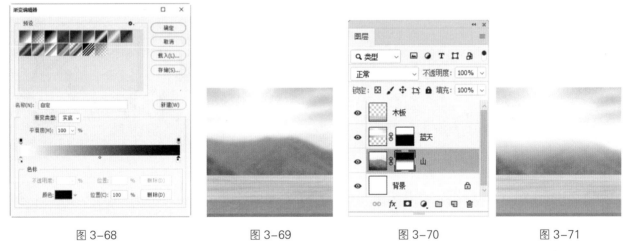

图 3-68   图 3-69   图 3-70   图 3-71

（4）按住 Shift 键单击"木板"图层，同时选取需要的图层。按 Ctrl+G 组合键，为图层编组并将其重命名为"背景"。

（5）按 Ctrl+O 组合键，打开云盘中的"Ch03 > 任务 3.2 设计健康钙片直通车图 > 素材 > 04"文件。选择"移动"工具 ，将"04"图像拖曳到图像窗口中适当的位置，如图 3-72 所示，在"图层"面板中生成新的图层，将其重命名为"商品"。

（6）选择"图像 > 调整 > 亮度 / 对比度"命令，在弹出的对话框中进行设置，如图 3-73 所示，单击"确定"按钮，效果如图 3-74 所示。单击"图层"面板下方的"创建新图层"按钮 ，生成新的图层并将其重命名为"阴影"，如图 3-75 所示。

（7）选择"椭圆"工具 ，在属性栏的"选择工具模式"下拉列表中选择"像素"选项，将前景色设置为墨绿色（106、108、91），在图像窗口中绘制一个椭圆形，如图 3-76 所示。选择"滤镜 > 模糊 > 高斯模糊"命令，在弹出的对话框中进行设置，如图 3-77 所示，单击"确定"按钮，效果如图 3-78 所示。

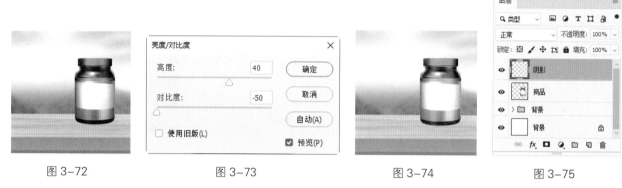

图 3-72　　　　　　　　　图 3-73　　　　　　　　　图 3-74　　　　　　　　　图 3-75

（8）在"图层"面板中，将"阴影"图层拖曳到"商品"图层的下方，效果如图 3-79 所示。按住 Shift 键单击"商品"图层，同时选取需要的图层。按 Ctrl+G 组合键，为图层编组并将其重命名为"商品"。

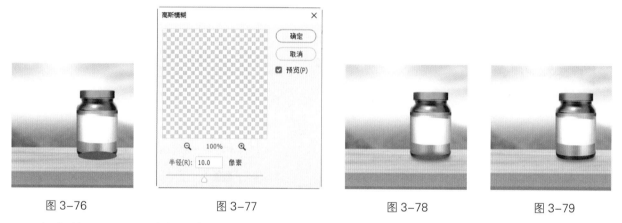

图 3-76　　　　　　　　　图 3-77　　　　　　　　　图 3-78　　　　　　　　　图 3-79

（9）按 Ctrl+O 组合键，打开云盘中的"Ch03 > 任务 3.2 设计健康钙片直通车图 > 素材 > 05"文件。选择"移动"工具，将"05"图像拖曳到图像窗口中适当的位置，如图 3-80 所示，在"图层"面板中生成新的图层，将其重命名为"树叶左"。

（10）按住 Alt+Shift 组合键水平向右拖曳图像到适当的位置，复制图像，在"图层"面板中生成新的图层，将其重命名为"树叶右"。按 Ctrl+T 组合键，图像周围出现变换框，将鼠标指针放置在变换框中，单击鼠标右键，在弹出的菜单中选择"水平翻转"命令，将图像水平翻转，按 Enter 键确定操作，效果如图 3-81 所示。

（11）按 Ctrl+O 组合键，打开云盘中的"Ch03 > 任务 3.2 设计健康钙片直通车图 > 素材 > 06、07"文件。选择"移动"工具，将"06"和"07"图像分别拖曳到图像窗口中适当的位置，如图 3-82 所示，在"图层"面板中分别生成新的图层，将它们重命名为"光"和"阳光"。

图 3-80　　　　　　　　　　图 3-81　　　　　　　　　　图 3-82

（12）在"图层"面板中选中"阳光"图层，在"图层"面板上方设置混合模式为"滤色"，如图 3-83 所示，效果如图 3-84 所示。按住 Shift 键单击"树叶左"图层，同时选取需要的图层。按 Ctrl+G 组合键，为图层编组并将其重命名为"树叶"，如图 3-85 所示。

图 3-83　　　　　　　　　　图 3-84　　　　　　　　　　图 3-85

（13）选择"横排文字"工具 T，在适当的位置输入需要的文字并选取文字，选择"窗口 > 字符"命令，弹出"字符"面板，将颜色设置为绿色（16、85、65），并设置合适的字体和大小，按 Enter 键确定操作，如图 3-86 所示，在"图层"面板中生成新的文字图层。

（14）单击"图层"面板下方的"添加图层样式"按钮 *fx*，在弹出的菜单中选择"渐变叠加"命令，弹出对话框，单击"渐变"下拉列表框，弹出"渐变编辑器"对话框。在"位置"文本框中分别输入 0、50、100 三个位置点，分别设置三个位置点的颜色为深绿色（38、115、87）、浅绿色（68、157、119）、深绿色（38、115、87），如图 3-87 所示，单击"确定"按钮。返回"图层样式"对话框，其他选项的设置如图 3-88 所示，单击"确定"按钮，效果如图 3-89 所示。

（15）选择"圆角矩形"工具 ▢，在属性栏的"选择工具模式"下拉列表中选择"形状"选项，将填充颜色设置为深绿色（53、138、108），描边颜色设置为无，在图像窗口中绘制一个圆角矩形，如图 3-90 所示。在"属性"面板中设置半径，如图 3-91 所示，效果如图 3-92 所示，在"图层"面板中生成新的形状图层"圆角矩形 1"。

图 3-86

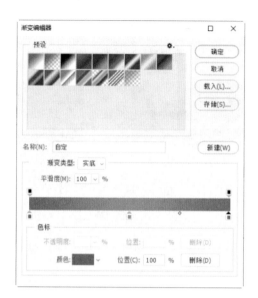

图 3-87

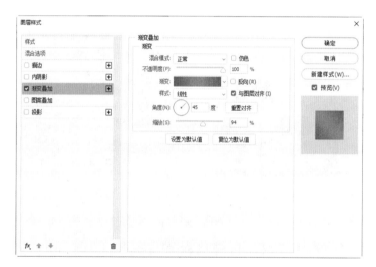

图 3-88

图 3-89

图 3-90

图 3-91

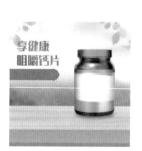

图 3-92

（16）单击"图层"面板下方的"添加图层样式"按钮 fx.，在弹出的菜单中选择"渐变叠加"命令，弹出对话框，单击"渐变"下拉列表框 ，弹出"渐变编辑器"对话框，在"位置"文本框中分别输入0、100两个位置点，分别设置两个位置点的颜色为深绿色（38、115、87）、浅绿色（68、157、119），如图3-93所示，单击"确定"按钮，返回"图层样式"对话框，其他选项的设置如图3-94所示。切换到"描边"选项卡中，设置描边颜色为浅黄色（254、240、178），其他选项的设置如图3-95所示。切换到"内发光"选项卡中，设置内发光颜色为白色，其他选项的设置如图3-96所示。切换到"投影"选项卡中，设置投影颜色为深绿色（19、59、35），其他选项的设置如图3-97所示，单击"确定"按钮，效果如图3-98所示。

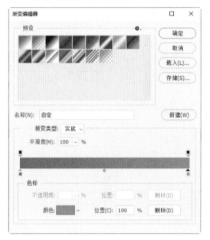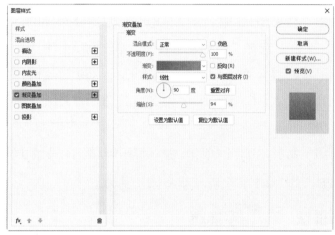

图 3-93　　　　　　　　　　　　　　　　　图 3-94

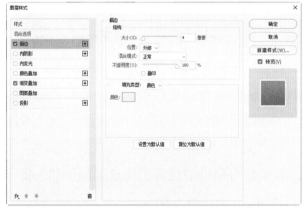

图 3-95　　　　　　　　　　　　　　　　　图 3-96

（17）选择"移动"工具 ⊕.，按住Alt+Shift组合键垂直向下拖曳图形到适当的位置，复制图形。使用相同的方法再次复制一个图形，效果如图3-99所示，在"图层"面板中分别生成新的图层。使用上述方法分别输入文字，设置文字的填充颜色为白色，并设置合适的字体和大小，在"图层"面板中分别生成新的文字图层，效果如图3-100所示。

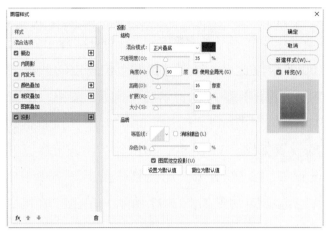

图 3-97　　　　　　　　　　　　　　　　　　图 3-98

（18）按 Ctrl+O 组合键，打开云盘中的"Ch03 > 任务 3.2 设计健康钙片直通车图 > 素材 > 08"文件。选择"移动"工具 ⊕，将"08"图像拖曳到图像窗口中适当的位置，如图 3-101 所示，在"图层"面板中生成新的图层，将其重命名为"光效"。在"图层"面板上方设置图层的混合模式为"滤色"，效果如图 3-102 所示。使用相同的方法再制作一个光效，效果如图 3-103 所示。

（19）按住 Shift 键单击"享健康 咀嚼钙片"图层，同时选取需要的图层。按 Ctrl+G 组合键，为图层编组并将其重命名为"卖点"。

图 3-99　　　　图 3-100　　　　图 3-101　　　　图 3-102　　　　图 3-103

（20）选择"矩形"工具 ▢，在属性栏中将填充颜色设置为墨绿色（16、85、65），描边颜色设置为无，在图像窗口中绘制一个与页面大小相等的矩形，如图 3-104 所示，在"图层"面板中生成新的形状图层，将其重命名为"边框"。选择"圆角矩形"工具 ▢，在属性栏中设置半径均为 26 像素，单击"路径操作"按钮 ▢，在弹出的菜单中选择"减去顶层形状"命令，在适当的位置绘制一个圆角矩形，效果如图 3-105 所示。

（21）使用上述方法分别绘制其他矩形和圆角矩形，并分别添加渐变叠加和描边效果，如图 3-106 所示，在"图层"面板中分别生成新的形状图层"矩形 1""矩形 2""圆角矩形 2"。

（22）使用上述方法分别输入文字，设置文字的填充颜色，并设置合适的字体和大小，效果如图 3-107 所示，在"图层"面板中分别生成新的文字图层。按住 Shift 键单击"边框"图层，同时选取需要的图层。按 Ctrl+G 组合键，为图层编组并将其重命名为"活动"。

图 3-104   图 3-105   图 3-106   图 3-107

（23）选择"圆角矩形"工具 ▢，在图像窗口中绘制一个圆角矩形，在"属性"面板中设置半径，如图 3-108 所示，效果如图 3-109 所示，在"图层"面板中生成新的形状图层"圆角矩形 3"。选择"直接选择"工具 ▷，单击以选取需要的锚点，将其拖曳到适当的位置，效果如图 3-110 所示

图 3-108   图 3-109   图 3-110

（24）选择"添加锚点"工具 ▷，在形状上单击添加一个锚点，如图 3-111 所示。使用相同的方法调整其他锚点，效果如图 3-112 所示。使用上述方法添加渐变叠加、内阴影和描边效果，如图 3-113 所示。

 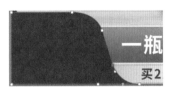 

图 3-111   图 3-112   图 3-113

（25）按 Ctrl+J 组合键复制图层，在"图层"面板中生成新的形状图层"圆角矩形 3 拷贝"。选择"圆角矩形"工具 ▢，在属性栏中设置填充颜色为白色，在"图层"面板中删除图层的内阴影和描边效果，并调整渐变叠加效果，如图 3-114 所示。在"图层"面板上方设置混合模式为"柔光"，不透明度为 20%，效果如图 3-115 所示。

图 3-114   图 3-115

（26）使用上述方法分别输入文字，设置文字的填充颜色，并设置合适的字体和大小，效果如图 3-116 所示，在"图层"面板中分别生成新的文字图层。使用上述方法绘制一个圆角矩形，效果如图 3-117 所示，在"图层"面板中生成新的形状图层"圆角矩形 4"，按住 Shift 键单击"圆角矩形 3"图层，同时选取需要的图层。按 Ctrl+G 组合键，为图层编组并将其重命名为"价格"。

图 3-116

图 3-117

（27）选择"圆角矩形"工具 ⬚，在属性栏中设置填充颜色为中黄色（247、224、169），在图像窗口中绘制一个圆角矩形，在"属性"面板中设置半径，如图 3-118 所示，效果如图 3-119 所示，在"图层"面板中生成新的形状图层"圆角矩形 5"。选择"直接选择"工具 ▵，单击以选取需要的锚点，将其拖曳到适当的位置，如图 3-120 所示。使用相同的方法调整其他锚点，效果如图 3-121 所示。使用上述方法添加渐变叠加、内发光和投影效果，如图 3-122 所示。

（28）使用上述方法输入文字，设置文字的填充颜色为白色，并设置合适的字体和大小，效果如图 3-123 所示，在"图层"面板中生成新的文字图层。按住 Shift 键单击"圆角矩形 4"图层，同时选取需要的图层。按 Ctrl+G 组合键，为图层编组并将其重命名为"会员日"。

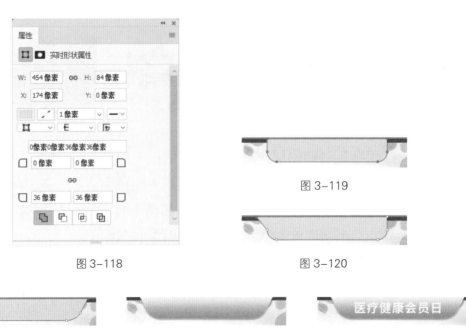

图 3-118

图 3-119

图 3-120

图 3-121

图 3-122

图 3-123

（29）选择"文件 > 存储为 Web 所用格式（旧版）"命令，在弹出的对话框中进行设置，如图 3-124 所示，单击"存储"按钮，导出效果图。健康钙片直通车图制作完成。

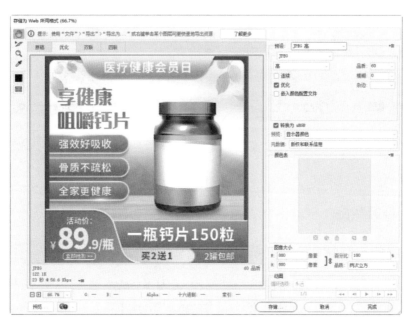

图 3-124

任务 3.3　设计生鲜食品钻展图

微课

设计生鲜食品
钻展图

3.3.1　任务引入

本任务要求读者首先认识"圆角矩形"工具；然后通过设计生鲜食品钻展图，掌握钻展图的设计要点与制作方法。

3.3.2　设计理念

在设计过程中，围绕主体物生鲜进行创作。钻展图的背景为纯色，带有淡纹以凸显食品；以调料作为元素有序展开，实现点缀效果。色彩选取橙色和红色，体现了食欲和促销。字体选用方正兰亭粗黑体和方正兰亭黑体，起到了呼应主题的作用。采用稳定均衡的居中构图，快速吸引消费者的目光。整体设计充满特色，契合主题。最终效果如图 3-125 所示，文件为"云盘 /Ch03/ 任务 3.3 设计生鲜食品钻展图 / 工程文件"。

图 3-125

3.3.3　任务知识："圆角矩形"工具

"圆角矩形"工具 ▢ 的属性栏如图 3-126 所示。

图 3-126

3.3.4　任务实施

（1）按 Ctrl+N 组合键，弹出"新建文档"对话框，设置宽度为 520 像素，高度为 280 像素，分辨率为 72 像素 / 英寸，颜色模式为 RGB，背景内容为橙色（255、128、48），如图 3-127 所示，单击"创建"按钮，新建一个文件。

图 3-127

（2）按 Ctrl+O 组合键，打开云盘中的"Ch03 > 任务 3.3 设计生鲜食品钻展图 > 素材 > 01"文件。选择"移动"工具 ✛，将"01"图像拖曳到新建的图像窗口中适当的位置，如图 3-128 所示，在"图层"面板中生成新的图层，将其重命名为"底纹"。在"图层"面板上方设置混合模式为"柔光"，如图 3-129 所示，效果如图 3-130 所示。

（3）按 Ctrl+O 组合键，打开云盘中的"Ch03 > 任务 3.3 设计生鲜食品钻展图 > 素材 > 02、03"文件。选择"移动"工具 ✛，将"02"和"03"图像拖曳到图像窗口中适当的位置，在"图层"面板中生成新的图层，将它们重命名为"鱼"和"辣椒"。

（4）在"图层"面板中选中"鱼"图层，单击"图层"面板下方的"添加图层样式"按钮 fx，在弹出的菜单中选择"投影"命令，弹出"图层样式"对话框。设置投影颜色为深

灰色（72、55、41），其他选项的设置如图 3-131 所示，单击"确定"按钮，效果如图 3-132
所示。

图 3-128　　　　　　　　　　图 3-129　　　　　　　　　　图 3-130

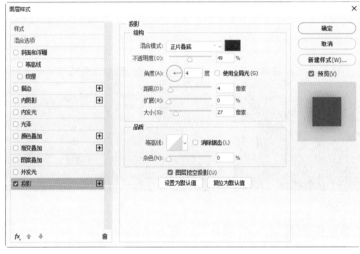

图 3-131　　　　　　　　　　　　　　　　图 3-132

（5）使用相同的方法，为"辣椒"图层添加投影效果。单击"图层"面板下方的"创
建新的填充或调整图层"按钮 ，在弹出的菜单中选择"色彩平衡"命令，在"图层"面板
中生成"色彩平衡"调整图层，同时弹出色彩平衡"属性"面板。单击"此调整影响下面的
所有图层"按钮 ，使其显示为"此调整剪切到此图层"按钮 ，其他选项的设置如图 3-133
所示，按 Enter 键确定操作。

（6）单击"图层"面板下方的"创建新的填充或调整图层"按钮 ，在弹出的菜单中选择"亮
度/对比度"命令，在"图层"面板中生成"亮度/对比度"调整图层，同时弹出亮度/对比度"属
性"面板。单击"此调整影响下面的所有图层"按钮 ，使其显示为"此调整剪切到此图层"
按钮 ，其他选项的设置如图 3-134 所示，按 Enter 键确定操作，效果如图 3-135 所示。

（7）使用上述方法分别置入"04~18"素材文件，分别为其重命名、添加投影效果
并调整色调，在"图层"面板中分别生成新的图层，如图 3-136 所示，效果如图 3-137 所示。

（8）按住 Shift 键单击"鱼"图层，同时选取需要的图层。按 Ctrl+G 组合键，为图层
编组并将其重命名为"美食"。

图 3-133　　　　　　　　　　　图 3-134　　　　　　　　　　　图 3-135

（9）选择"横排文字"工具 T.，在适当的位置输入需要的文字并选取文字，选择"窗口 > 字符"命令，弹出"字符"面板，将颜色设置为白色，并设置合适的字体和大小，按 Enter 键确定操作，如图 3-138 所示，在"图层"面板中生成新的文字图层。

图 3-136　　　　　　　　　　　图 3-137　　　　　　　　　　　图 3-138

（10）单击"图层"面板下方的"添加图层样式"按钮 fx.，在弹出的菜单中选择"渐变叠加"命令，弹出对话框，单击"渐变"下拉列表框 ，弹出"渐变编辑器"对话框，在"位置"文本框中分别输入 60、100 两个位置点，分别设置 60、100 两个位置点的颜色为白色（255、255、255）、粉色（255、192、153），如图 3-139 所示，单击"确定"按钮。返回"图层样式"对话框，其他选项的设置如图 3-140 所示，单击"确定"按钮，效果如图 3-141 所示。

图 3-139　　　　　　　　　　　　　　　图 3-140

（11）使用相同的方法分别输入其他文字，并添加渐变叠加效果，如图 3-142 所示，在"图层"面板中分别生成新的文字图层。按住 Shift 键单击"满"图层，同时选取需要的图层。按 Ctrl+G 组合键，为图层编组并将其重命名为"标题"。

图 3-141

图 3-142

（12）选择"圆角矩形"工具 □，在属性栏的"选择工具模式"下拉列表中选择"形状"选项，将填充颜色设置为亮黄色（255、247、1），描边颜色设置为无，半径均设置为 40 像素，在图像窗口中绘制一个圆角矩形，如图 3-143 所示，在"图层"面板中生成新的形状图层"圆角矩形 1"。

（13）选择"横排文字"工具 T，在适当的位置输入需要的文字并选取文字，在"字符"面板中，将颜色设置为橙色（255、78、0），并设置合适的字体和大小，按 Enter 键确定操作，如图 3-144 所示。使用相同的方法输入其他文字，效果如图 3-145 所示，在"图层"面板中分别生成新的文字图层。

（14）按住 Shift 键单击"标题"图层组，同时选取需要的图层。按 Ctrl+G 组合键，为图层编组并将其重命名为"文字"。

图 3-143

图 3-144

图 3-145

（15）选择"文件 > 存储为 Web 所用格式（旧版）"命令，在弹出的对话框中进行设置，如图 3-146 所示，单击"存储"按钮，导出效果图。至此，生鲜食品钻展图制作完成。

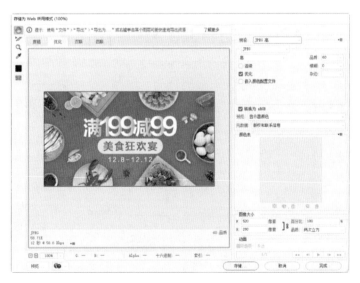

图 3-146

任务 3.4　项目演练——设计大衣橱直通车图

3.4.1　任务引入

本任务要求读者通过设计大衣橱直通车图，掌握直通车图的设计要点与制作方法。

3.4.2　设计理念

在设计过程中，围绕主体物大衣橱进行创作。直通车图采用上中下构图，画面规整，与衣橱风格和谐统一；背景为室内场景图，与产品色调呼应；文字背景色选用红、黄、蓝，使宣传内容更加醒目。最终效果如图 3-147 所示，文件为"云盘 /3.4 项目演练——设计大衣橱直通车图 / 工程文件"。

图 3-147

项目4

提升海报的趣味性

——店铺趣味海报设计

　　店铺海报的设计是网店美工设计的重中之重，店铺海报比营销推广图片更加醒目、震撼，精心设计的店铺海报能够使消费者快速了解店铺的活动信息及促销信息。本项目对店铺海报的设计基础知识进行系统讲解，并针对流行风格及典型行业的店铺海报设计进行任务演练。通过本项目的学习，读者可以对店铺海报的设计有一个系统的认识，并快速掌握店铺海报的设计规范和制作方法，为接下来设计店铺首页打好基础。

学习引导

知识目标

- 了解店铺海报的设计尺寸
- 了解店铺海报的版式构图
- 了解店铺海报的设计形式

能力目标

- 了解店铺海报的设计思路
- 掌握店铺海报的制作方法

素养目标

- 培养对店铺海报的审美鉴赏能力
- 培养对店铺海报的设计创作能力

实训任务

- 设计护肤产品海报
- 设计家用电器海报

相关知识：店铺趣味海报设计基础知识

为网店设计的海报有别于传统平面设计的海报，它是店铺中的 Banner，用于展示活动、促销等信息。这些海报通常位于店铺首页和详情页，从醒目的方式出现在消费者眼前，因此其设计有着举足轻重的作用，如图 4-1 所示。

图 4-1

① 店铺趣味海报设计尺寸

海报的设计尺寸会根据不同电商平台的规则和商家的具体设计要求而有所区别，海报的常见尺寸可以分为以下 4 类。

◎ PC 端全屏海报：这类海报宽度为 1920 像素，高度建议在 500 ~ 800 像素之间（常用尺寸为 500 像素、550 像素、600 像素、650 像素、700 像素、800 像素），如图 4-2 所示。

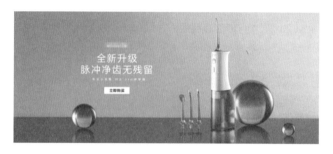

图 4-2

◎ PC 端常规海报：这类海报宽度为 950 像素、750 像素和 190 像素，高度建议在 100 ~ 600 像素之间（常用尺寸为 750 像素 ×250 像素和 950 像素 ×250 像素），如图 4-3 所示。

图 4-3

◎ 无线端海报：这类海报宽度为 1200 像素，高度建议在 600 ~ 2000 像素之间，如图 4-4 所示。

　　◎ 详情页商品焦点图：这类海报尺寸通常为 750 像素 ×950 像素和 790 像素 ×950 像素，如图 4-5 所示。

图 4-4

图 4-5

② 店铺趣味海报版式构图

　　海报的版式构图比较丰富，常用的有左右构图、上下构图、左中右构图和对角线构图，如图 4-6 所示。在不影响版式构图的前提下，左右构图中文字与图片可以根据设计的需要调换位置。

（a）左右构图

（b）上下构图

图 4-6

（c）左中右构图

（d）对角线构图

图 4-6（续）

任务 4.1　设计护肤产品海报

微课

设计护肤产品
海报

4.1.1　任务引入

本任务要求读者首先认识图层的混合模式；然后通过设计护肤产品海报，掌握海报的设计要点与制作方法。

4.1.2　设计理念

在设计过程中，围绕主体物护肤产品进行创作。海报背景为桌面居家场景，以烘托气氛；以花瓣作为元素有序展开，实现点缀效果。色彩选取粉色、蓝色和红色，分别体现了浪漫、清爽和促销。字体选用方正兰亭圆简体和思源黑体，起到了呼应主题的作用。采用黄金比例分割的左右构图表现和谐美感。整体设计充满特色，契合主题。最终效果如图 4-7 所示，文件为"云盘 /Ch04/ 任务 4.1 设计护肤产品海报 / 工程文件"。

图 4-7

4.1.3　任务知识：图层的混合模式

图层的混合模式如图 4-8 所示。

（a）　　　　　　　　（b）

图 4-8

4.1.4　任务实施

（1）按 Ctrl+N 组合键，弹出"新建文档"对话框，设置宽度为 1920 像素，高度为 600 像素，分辨率为 72 像素 / 英寸，颜色模式为 RGB，背景内容为白色，如图 4-9 所示，单击"创建"按钮，新建一个文件。

图 4-9

（2）按 Ctrl+O 组合键，打开云盘中的"Ch04 > 任务 4.1 设计护肤产品海报 > 素材 > 01 ~ 05"文件。选择"移动"工具 ✛，将"01""02""03""04""05"图像分别拖曳到新建的图像窗口中适当的位置，如图 4-10 所示，在"图层"面板中生成新的图层，将它们分别重命名为"天空""花瓣""窗""桌子""光"。

（3）在"图层"面板上方设置"光"图层的混合模式为"柔光"，"不透明度"为52%，如图 4-11 所示，效果如图 4-12 所示。按住 Shift 键单击"天空"图层，同时选取需要的图层。按 Ctrl+G 组合键，为图层编组并将其重命名为"背景"。

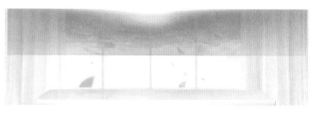

图 4-10

（4）按 Ctrl+O 组合键，打开云盘中的"Ch04 > 任务 4.1 设计护肤产品海报 > 素材 > 06"文件。选择"移动"工具 ，将"06"图像拖曳到图像窗口中适当的位置，如图 4-13 所示，在"图层"面板中生成新的图层，将其重命名为"保湿水"。

图 4-11

图 4-12

（5）单击"图层"面板下方的"创建新的填充或调整图层"按钮 ，在弹出的菜单中选择"曲线"命令，在"图层"面板中生成"曲线 1"调整图层，同时弹出曲线"属性"面板。在曲线上单击添加控制点，将"输入"设置为 110，"输出"设置为 136，单击"此调整影响下面的所有图层"按钮 ，使其显示为"此调整剪切到此图层"按钮 ，如图 4-14 所示，效果如图 4-15 所示。

（6）在"图层"面板中，按住 Shift 键单击"保湿水"图层，同时选取需要的图层。按 Ctrl+J 组合键复制图层，在"图层"面板中生成新的图层，将它们分别重命名为"保湿水 反光"和"曲线 1 拷贝"。同时选取图层后将它们拖曳到"保湿水"图层的下方，如图 4-16 所示。

图 4-13

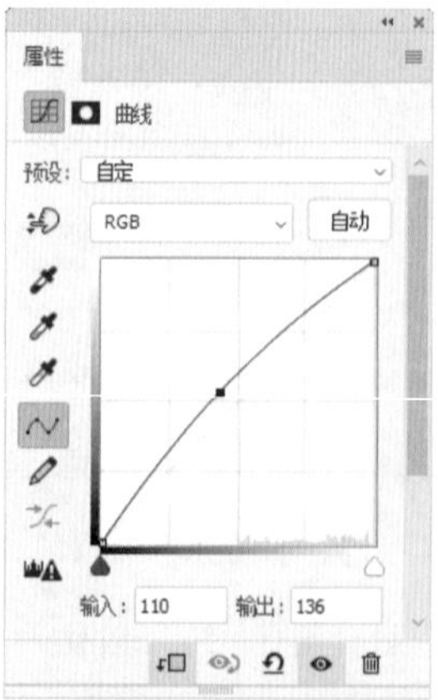

图 4-14

图 4-15

图 4-16

（7）按 Ctrl+T 组合键，图像周围出现变换框。将鼠标指针放置在变换框中，单击鼠标右键，在弹出的菜单中选择"垂直翻转"命令，将图像垂直翻转，并向下拖曳到适当的位置，按 Enter 键确定操作，效果如图 4-17 所示。选中"保湿水 反光"图层，在"图层"面板上方设置图层的"不透明度"为 38%，如图 4-18 所示，效果如图 4-19 所示。

图 4-17　　　　　　　　　图 4-18　　　　　　　　　图 4-19

（8）单击"图层"面板下方的"添加图层蒙版"按钮 ▢ ，为图层添加蒙版。将前景色设置为黑色，选择"画笔"工具 ✐ ，在属性栏中选择合适的大小，如图 4-20 所示。在图像窗口中进行涂抹，擦除不需要的部分，效果如图 4-21 所示。

（9）按 Ctrl+O 组合键，打开云盘中的"Ch04 > 任务 4.1 设计护肤产品海报 > 素材 > 07"文件。选择"移动"工具 ✛ ，将"07"图像拖曳到图像窗口中适当的位置，如图 4-22 所示，在"图层"面板中生成新的图层，将其重命名为"花 1"。

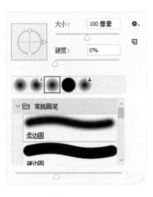  

图 4-20　　　　　　　　　图 4-21　　　　　　　　　图 4-22

（10）单击"图层"面板下方的"创建新的填充或调整图层"按钮 ◔ ，在弹出的菜单中选择"亮度 / 对比度"命令，在"图层"面板中生成"亮度 / 对比度 1"调整图层，同时弹出亮度 / 对比度"属性"面板。单击"此调整影响下面的所有图层"按钮 ↙□ ，使其显示为"此调整剪切到此图层"按钮 ↙□ ，其他选项的设置如图 4-23 所示，按 Enter 键确定操作，效果如图 4-24 所示。

（11）在"图层"面板中，按住 Shift 键单击"花 1"图层，同时选取需要的图层。按 Ctrl+J 组合键复制图层，在"图层"面板中生成新的图层，将其分别重命名为"花 1 反光"和"亮

度 / 对比度 1 拷贝"。同时选取图层后将它们拖曳到"花 1"图层的下方，如图 4-25 所示。

图 4-23　　　　　　　　　　图 4-24　　　　　　　　　　图 4-25

（12）按 Ctrl+T 组合键，图像周围将出现变换框。将鼠标指针放置在变换框中，单击鼠标右键，在弹出的菜单中选择"垂直翻转"命令，将图像垂直翻转，并向下拖曳到适当的位置，按 Enter 键确定操作，效果如图 4-26 所示。选中"花 1 反光"图层，在"图层"面板上方设置图层的"不透明度"为 38%，如图 4-27 所示，效果如图 4-28 所示。

图 4-26　　　　　　　　　　图 4-27　　　　　　　　　　图 4-28

（13）单击"图层"面板下方的"添加图层蒙版"按钮 ◘ ，为图层添加蒙版。将前景色设置为黑色，选择"画笔"工具 ◢ ，在属性栏中选择合适的大小，如图 4-29 所示。在图像窗口中进行涂抹，擦除不需要的部分，效果如图 4-30 所示。

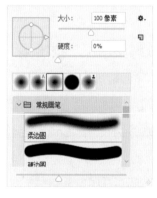

图 4-29　　　　　　　　　　　　　　图 4-30

（14）使用上述方法分别置入"08～10"素材文件，分别调整图像的色调并制作反光效果，在"图层"面板中分别生成新的图层，为它们重命名，如图4-31所示，效果如图4-32所示。

图 4-31   图 4-32

（15）选择"钢笔"工具 ⌀，在属性栏的"选择工具模式"下拉列表中选择"形状"选项，将填充颜色设置为渐变色，分别设置两个位置点的颜色为白色和黑色，其他设置如图4-33所示。在图像窗口中适当的位置拖曳鼠标指针，绘制一个不规则的图形，如图4-34所示，在"图层"面板中生成新的形状图层，将其重命名为"阴影"。选中"阴影"图层，单击鼠标右键，在弹出的菜单中选择"栅格化图层"命令，将形状图层转换为普通图层。

（16）选择"滤镜 > 模糊 > 高斯模糊"命令，在弹出的对话框中进行设置，如图4-35所示，单击"确定"按钮，效果如图4-36所示。

图 4-33   图 4-34   图 4-35   图 4-36

（17）在"图层"面板上方设置"阴影"图层的"不透明度"为10%，将"阴影"图层拖曳到"保湿水 反光"图层的下方，如图4-37所示，效果如图4-38所示。按住Shift键单击"亮度 / 对比度 4"图层，同时选取需要的图层。按Ctrl+G组合键，为图层编组并将其重命名为"产品"。

（18）选择"横排文字"工具 T，在适当的位置输入需要的文字并选取文字，选择"窗口 > 字符"命令，弹出"字符"面板，将颜色设置为深灰色（61、57、53），并设置合适的字体和大小，按Enter键确定操作，如图4-39所示，在"图层"面板中生成新的文字图层。

图 4-37

图 4-38

图 4-39

（19）选择"矩形"工具 □，在属性栏的"选择工具模式"下拉列表中选择"形状"选项，将填充颜色设置为渐变色，单击添加位置点，分别设置 3 个位置点的颜色为深红色（230、0、18）、红色（243、40、54）、深红色（230、0、18），其他设置如图 4-40 所示，将描边颜色设置为无，在图像窗口中绘制一个矩形，如图 4-41 所示，在"图层"面板中生成新的形状图层"矩形 1"。

（20）选择"添加锚点"工具 ℘，在矩形上单击添加一个锚点，如图 4-42 所示。选择"直接选择"工具 ▹，单击选取需要的锚点，将其水平向右拖曳到适当的位置，如图 4-43 所示。使用相同的方法再次添加一个锚点并调整其位置，按 Enter 键确定操作，效果如图 4-44 所示。

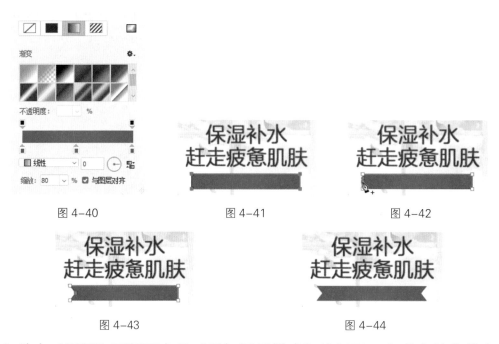

图 4-40　　　　　　图 4-41　　　　　　图 4-42

图 4-43　　　　　　　　　图 4-44

（21）单击"图层"面板下方的"添加图层样式"按钮 fx，在弹出的菜单中选择"内发光"命令，弹出"图层样式"对话框。设置"内发光"的颜色为白色，其他选项的设置如图 4-45 所示，单击"确定"按钮，效果如图 4-46 所示。

（22）使用上述方法分别输入文字，分别设置文字的填充颜色为白色和深灰色（61、57、53），并分别设置合适的字体和大小，效果如图 4-47 所示，在"图层"面板中分别生成新的文字图层。按住 Shift 键单击"保湿补水 赶走疲惫肌肤"图层，同时选取需要的图层。

按 Ctrl+G 组合键，为图层编组并将其重命名为"文字"。

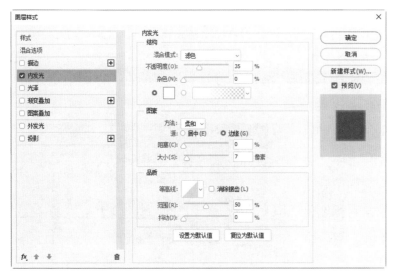

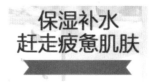

图 4-45　　　　　　　　　　　　　　　　　　　　　图 4-46

（23）选择"文件 > 导出 > 存储为 Web 所用格式（旧版）"命令，在弹出的对话框中进行设置，如图 4-48 所示，单击"存储"按钮，导出效果图。至此，护肤产品海报制作完成。

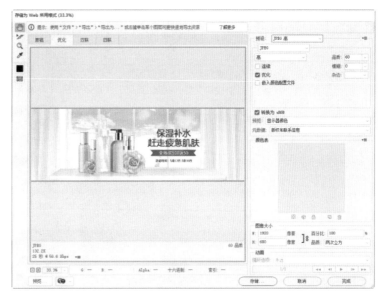

图 4-47　　　　　　　　　　　　　　　　　　　　　图 4-48

任务 4.2　设计家用电器海报

微课

设计家用电器
海报

4.2.1　任务引入

本任务要求读者首先认识"椭圆"工具和"高斯模糊"命令；然后通过设计家用电器海

报，掌握海报的设计要点与制作方法。

4.2.2　设计理念

在设计过程中，围绕主体物空调进行创作。海报的背景为居家场景，以此奠定设计基调；

以绿叶作为元素有序展开，实现点缀效果。
色彩选取蓝色、绿色和黄色，分别体现了科
技、自然和温馨。字体选用斗鱼追光体、方
正兰亭中粗黑简体和 Bebas Neue，起到了呼应
主题的作用。采用黄金比例分割的左右构图，
表现和谐美感。整体设计充满特色，契合主
题。最终效果如图 4-49 所示，文件为"云盘 /
Ch04/ 任务 4.2 设计家用电器海报 / 工程文件"。

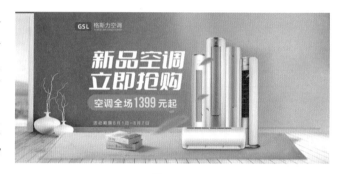

图 4-49

4.2.3　任务知识："椭圆"工具、"高斯模糊"命令

"椭圆"工具的属性栏和"高斯模糊"对话框如图 4-50 所示。

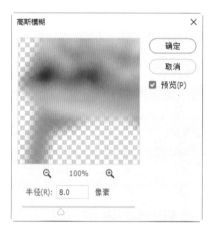

图 4-50

4.2.4　任务实施

（1）按 Ctrl+O 组合键，打开云盘中的"Ch04 > 任务 4.2 设计家用电器海报 > 素材 >
01、02"文件。选择"移动"工具，将"02"图像拖曳到"01"图像窗口中适当的位置，

如图 4-51 所示，在"图层"面板中生成新的图层，将其重命名为"地毯"。

（2）单击"图层"面板下方的"创建新图层"按钮 ▫，生成新的图层并将其重命名为"阴影"。选择"矩形"工具 ▫，在属性栏的"选择工具模式"下拉列表中选择"像素"选项，将前景色设置为白色，在图像窗口中绘制一个矩形，如图 4-52 所示。选择"滤镜>模糊>高斯模糊"命令，在弹出的对话框中进行设置，如图 4-53 所示，单击"确定"按钮，效果如图 4-54 所示。

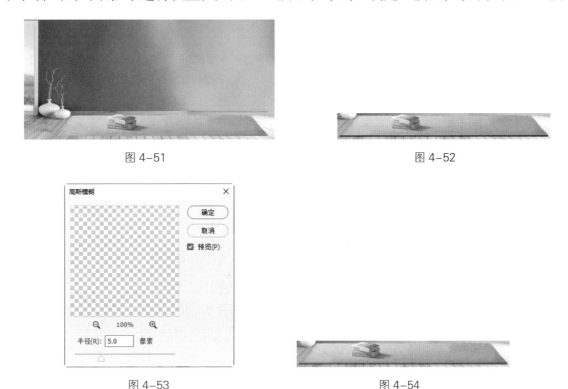

图 4-51　　　　　　　　　　　　　　　　图 4-52

图 4-53　　　　　　　　　　　　　　　　图 4-54

（3）在"图层"面板上方设置"阴影"图层的"不透明度"为 40%，并将其拖曳到"地毯"图层的下方，如图 4-55 所示，效果如图 4-56 所示。

（4）在"图层"面板中选中"地毯"图层。按 Ctrl+O 组合键，打开云盘中的"Ch04 > 任务 4.2 设计家用电器海报 > 素材 > 03"文件。选择"移动"工具 ⊕，将"03"图像拖曳到"01"图像窗口中适当的位置，如图 4-57 所示，在"图层"面板中生成新的图层，将其重命名为"空调"。

图 4-55　　　　　　　　　　图 4-56　　　　　　　　　　图 4-57

（5）单击"图层"面板下方的"创建新图层"按钮 ⧉，生成新的图层并将其重命名为"阴影 1"。选择"圆角矩形"工具 ▭，在属性栏中将半径均设置为 20 像素，将前景色设置为深灰色（131、131、145），在图像窗口中绘制一个圆角矩形，如图 4-58 所示。选择"滤镜 > 模糊 > 高斯模糊"命令，在弹出的对话框中进行设置，如图 4-59 所示，单击"确定"按钮，效果如图 4-60 所示。

图 4-58　　　　　　　　　　　图 4-59　　　　　　　　　　　图 4-60

（6）单击"图层"面板下方的"创建新图层"按钮 ⧉，生成新的图层并将其重命名为"阴影 2"。选择"椭圆"工具 ○，将前景色设置为深灰色（131、131、145），在图像窗口中绘制一个椭圆形，如图 4-61 所示。选择"滤镜 > 模糊 > 高斯模糊"命令，在弹出的对话框中进行设置，如图 4-62 所示，单击"确定"按钮，效果如图 4-63 所示。

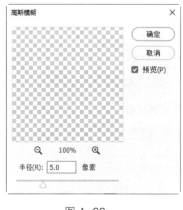

图 4-61　　　　　　　　　　　图 4-62　　　　　　　　　　　图 4-63

（7）按住 Shift 键单击"阴影 1"图层，同时选取需要的图层，将它们拖曳到"空调"图层的下方，如图 4-64 所示，效果如图 4-65 所示。

（8）在"图层"面板中选中"空调"图层。按 Ctrl+O 组合键，打开云盘中的"Ch04 > 任务 4.2 设计家用电器海报 > 素材 > 04"文件。选择"移动"工具 ✛，将"04"图像拖曳到"01"图像窗口中适当的位置，如图 4-66 所示，在"图层"面板中生成新的图层，将其重命名为"绿叶"。按住 Shift 键单击"阴影"图层，同时选取需要的图层。按 Ctrl+G 组合键，为图层编组并将其重命名为"产品"。

图 4-64

图 4-65

图 4-66

（9）选择"横排文字"工具 T.，在适当的位置分别输入需要的文字并选取文字，选择"窗口 > 字符"命令，弹出"字符"面板。将颜色设置为白色，并设置合适的字体和大小，按 Enter 键确定操作，如图 4-67 所示，在"图层"面板中分别生成新的文字图层。

（10）选择"圆角矩形"工具 □，在属性栏的"选择工具模式"下拉列表中选择"形状"选项，将填充颜色设置为深黄色（235、97、0），描边颜色设置为无，半径均设置为 48 像素，在图像窗口中绘制一个圆角矩形，如图 4-68 所示，在"图层"面板中生成新的形状图层"圆角矩形 1"。

（11）使用上述方法分别输入文字，分别设置文字的填充颜色为白色和金黄色（252、255、0），并分别设置合适的字体和大小，效果如图 4-69 所示，在"图层"面板中分别生成新的文字图层。按住 Shift 键单击"新品空调"图层，同时选取需要的图层。按 Ctrl+G 组合键，为图层编组并将其重命名为"文字"。

图 4-67

图 4-68

图 4-69

（12）选择"圆角矩形"工具 □，在属性栏中将填充颜色设置为深蓝色（17、59、130），描边颜色设置为无，半径均设置为 10 像素，在图像窗口中绘制一个圆角矩形，如图 4-70 所示，在"图层"面板中生成新的形状图层"圆角矩形 2"。

（13）使用上述方法分别输入文字，设置文字的填充颜色为白色，并分别设置合适的字体和大小，效果如图 4-71 所示，在"图层"面板中分别生成新的文字图层。按住 Shift 键单击"圆角矩形 2"图层，同时选取需要的图层。按 Ctrl+G 组合键，为图层编组并将其重命名为"Logo"。

图 4-70

图 4-71

（14）选择"文件 > 导出 > 存储为 Web 所用格式（旧版）"命令，在弹出的对话框中进行设置，如图 4-72 所示，单击"存储"按钮，导出效果图。至此，家用电器海报制作完成。

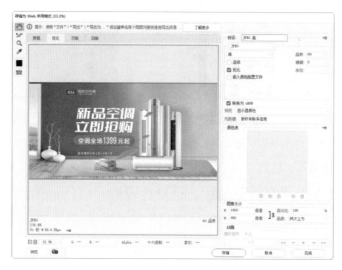

图 4-72

任务 4.3　项目演练——设计果汁饮品海报

微课

设计果汁饮品海报

4.3.1　任务引入

本任务要求读者通过设计果汁饮品海报，掌握海报的设计要点与制作方法。

4.3.2　设计理念

在设计过程中，围绕主体物果汁进行创作。海报的背景为室外环境，给消费者带来清新自然之感；以多种水果和蝴蝶作为元素，丰富整体画面。色彩选取绿色和橙色，分别体现了自然和新鲜。字体选用优设标题黑体、方正锐正黑简体和思源黑体，起到了呼应主题的作用。采用黄金比例分割的左右构图，表现和谐美感。整体设计充满特色，契合主题。最终效果如图 4-73 所示，文件为"云盘 /4.3 项目演练——设计果汁饮品海报 / 工程文件"。

图 4-73

05

项目5

打造出彩的店铺首页

——PC端店铺首页设计

PC端店铺首页的设计是网店美工设计任务中的综合型任务，精心设计的PC端店铺首页能够向消费者传达品牌理念和给消费者带来信任感。本项目对PC端店铺首页的设计基础知识进行系统讲解，并针对流行风格及典型行业的PC端店铺首页设计进行任务演练。通过本项目的学习，读者可以对PC端店铺首页的设计有一个系统的认识，并快速掌握PC端店铺首页的设计规范和制作方法，成功设计出具有品牌影响力的PC端店铺首页。

学习引导

知识目标

- 了解 PC 端店铺首页的设计尺寸
- 了解 PC 端店铺首页的核心模块

能力目标

- 了解 PC 端店铺首页的设计思路
- 掌握 PC 端店铺首页的制作方法

素养目标

- 培养对 PC 端店铺首页的审美鉴赏能力
- 培养对 PC 端店铺首页的设计创作能力

实训任务

- 设计 PC 端家具产品首页
- 设计 PC 端春夏女装首页

　　店铺首页是消费者进入店铺后看到的第一张展示页面，具有展现品牌特色和引流的作用，如图 5-1 所示。

（a）上边部分　　　　　（b）中间部分　　　　　（c）下边部分

图 5-1

　　PC 端店铺首页的宽度为 1920 像素，高度不限，其设计可以根据商家需要和后台装修模块进行组合变化。首页的核心模块通常由店招导航、轮播海报、优惠券、分类导航、商品展示和底部信息构成，如图 5-2 所示。

图 5-2

① 店招导航设计基础知识

店招与导航位于店铺页面的顶部，在 PC 端的任何页面都可以看到。店招即店铺的招牌，主要用于展示店铺品牌、活动内容和特价商品等，起到宣传品牌、加深消费者印象的作用。导航则是对商品进行分类，帮助消费者定位到当前位置、完成页面之间的跳转并快速找到商品，如图 5-3 所示。

图 5-3

以淘宝网为例，店招可以分为常规店招和通栏店招两类：常规店招尺寸为 950 像素 ×120 像素；通栏店招包含店招、导航和背景，尺寸建议为 1920 像素 ×150 像素。

导航栏高度为 10 ~ 50 像素，建议为 30 像素；导航栏字体建议为黑体或宋体，黑体建议为 14 点或 16 点，宋体建议为 12 点或 14 点；文字间距建议为 20 点。

② 轮播海报设计基础知识

轮播海报即多张海报循环播放，通常位于首页店招和导航栏的下方，主要用于进行商品宣传和活动促销等。优秀的轮播海报会对每张海报的主题、构图和配色等因素进行综合的考虑和设计，如图 5-4 所示。

图 5-4

③ 优惠券设计基础知识

优惠券即减价优惠，通常位于首页轮播海报的下方，是店铺常用的促销方式，可以吸引消费者进行二次消费，起到提高消费者的购买欲望、刺激其冲动消费的作用，如图 5-5 所示。

在设计优惠券时数额一定要突出醒目，而满减条件建议使用黑体小字，这样在刺激消费者消费的同时也可以保证商家自身的利润。

图 5-5

④ 分类导航设计基础知识

　　分类导航即店铺商品的类别，通常位于首页轮播海报或优惠券的下方，是用于引导消费者购买商品的重要模块，起到提升购买率、增强消费者体验感的作用。

　　分类导航根据设计形式可以分为文本、图标和图片 3 种类型，如图 5-6 所示。文本字体为黑体或粗宋，图标风格需要统一。如果是横向分类，图片宽度应该控制在 950 像素以内；如果是纵向分类，图片高度应该控制在 150 像素以内。另外，图标、图片与文案应该相互呼应。

（a）文本类型的分类导航

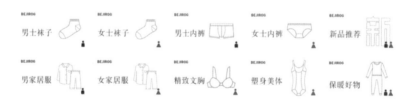

（b）图标类型的分类导航

（c）图片类型的分类导航

图 5-6

5　商品展示设计基础知识

商品展示即商品的展示区域，通常位于首页优惠券或分类导航的下方，是用于向消费者展示爆款商品、新商品和推荐商品等内容的模块，起到引导消费者购买、促进商品销售的作用，如图 5-7 所示。

商品展示的标题的设计形式通常有图形形式、图片形式、文案形式 3 种。商品展示区域的商品需要选择店铺中美观且有代表性的商品，除此之外，还可以选择临近下架的商品，使其获得优先展示的机会。关联的素材和整体背景需要相互搭配，并且要符合店铺的风格。

6　底部信息设计基础知识

底部信息即其他信息，通常位于首页的最下方，用于放置店铺品牌故事、购物须知和店铺公告等，可以起到补充说明、挽留消费者的作用，如图 5-8 所示。

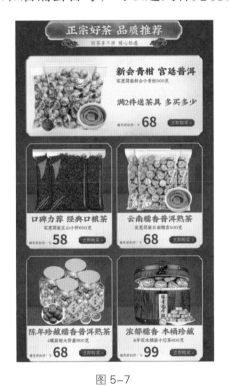

图 5-7

图 5-8

任务 5.1 设计 PC 端家具产品首页

5.1.1 任务引入

本任务要求读者首先认识"矩形"工具；然后通过设计 PC 端家具产品首页，掌握 PC 端首页的设计要点与制作方法。

微课　　微课

设计 PC 端家具产品首页 1　　设计 PC 端家具产品首页 2

5.1.2　设计理念

在设计过程中，围绕主体物家具进行创作。首页的背景为纯色，和家具图片的色彩互相衬托。色彩选取卡其色、浅灰色和深灰色，分别体现了高端、典雅和美观。字体选用思源黑体、方正兰亭黑体和 Bebas Neue，起到了呼应主题的作用。图标采用了与家具相关的线性图标，呈现出简约精致的特点。整体设计充满特色，契合主题。最终效果如图 5-9 所示，文件为"云盘 /Ch05/ 任务 5.1 设计 PC 端家具产品首页 / 工程文件"。

　　　　　（a）　　　　　　　　　　　　　　　　　（b）

图 5-9

5.1.3　任务知识："矩形"工具

"矩形"工具 ▢ 的属性栏如图 5-10 所示。

图 5-10

5.1.4　任务实施

（1）按 Ctrl+N 组合键，弹出"新建文档"对话框，设置宽度为 1920 像素，高度为 7728 像素，分辨率为 72 像素 / 英寸，颜色模式为 RGB，背景内容为白色，如图 5-11 所示，单击"创建"按钮，新建一个文件。

图 5-11

（2）选择"矩形"工具 □，在属性栏的"选择工具模式"下拉列表中选择"形状"选项，将填充颜色设置为黑色，描边颜色设置为无。在图像窗口中适当的位置绘制一个矩形，在"图层"面板中生成新的形状图层"矩形 1"。选择"窗口 > 属性"命令，弹出"属性"面板，在面板中进行设置，如图 5-12 所示，效果如图 5-13 所示。

（3）按 Ctrl+R 组合键，显示标尺。选择"视图 > 对齐到 > 全部"命令。将鼠标指针移动到图像窗口左侧的标尺上，按住鼠标左键水平向右拖曳，在矩形左侧锚点的位置松开鼠标，完成参考线的创建，效果如图 5-14 所示。使用相同的方法，在矩形右侧锚点的位置创建一条参考线，效果如图 5-15 所示。

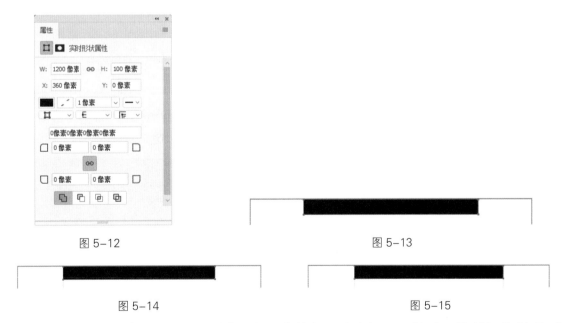

图 5-12

图 5-13

图 5-14

图 5-15

（4）按 Ctrl+T 组合键，在矩形周围出现变换框，如图 5-16 所示。将鼠标指针移动到图像窗口左侧的标尺上，按住鼠标左键水平向右拖曳，在矩形中心点的位置松开鼠标，完成参考线的创建，效果如图 5-17 所示。按 Enter 键确定操作，在"图层"面板中选中"矩形 1"图层，按 Delete 键将其删除。

图 5-16　　　　　　　　　　　　　　　　　　　　图 5-17

（5）选择"视图 > 新建参考线"命令，弹出"新建参考线"对话框，在 120 像素的位置创建一条水平参考线，设置如图 5-18 所示，单击"确定"按钮，完成参考线的创建。

（6）选择"文件 > 置入嵌入对象"命令，弹出"置入嵌入的对象"对话框，选择云盘中的"Ch05 > 任务 5.1 设计 PC 端家具产品首页 > 素材 > 01"文件，单击"置入"按钮，将图像置入图像窗口中。将其拖曳到适当的位置，按 Enter 键确定操作，在"图层"面板中生成新的图层，将其重命名为"logo"，效果如图 5-19 所示。

图 5-18　　　　　　　　　　　　　　　　图 5-19

（7）选择"直线"工具 ⁄，在属性栏的"选择工具模式"下拉列表中选择"形状"选项，将填充颜色设置为无，描边颜色设置为土黄色（200、143、63），描边粗细设置为 2 像素。按住 Shift 键在适当的位置绘制直线，如图 5-20 所示，在"图层"面板中生成新的形状图层"形状 1"。

（8）选择"横排文字"工具 T.，在适当的位置输入需要的文字并选取文字。选择"窗口 > 字符"命令，打开"字符"面板，将颜色设置为浓灰色（1、1、1），其他选项的设置如图 5-21 所示，按 Enter 键确定操作。使用相同的方法再次在适当的位置输入文字并选取文字，在"字符"面板中将"颜色"设置为灰蓝色（124、134、141），其他选项的设置如图 5-22 所示，效果如图 5-23 所示，在"图层"面板中分别生成新的文字图层。

图 5-20　　　　　　　图 5-21　　　　　　　图 5-22　　　　　　　图 5-23

（9）选择"圆角矩形"工具 ▢.，在属性栏中将填充颜色设置为无，描边颜色设置为深灰色（89、89、89），半径均设置为 15 像素，描边粗细设置为 1 像素，在图像窗口中绘制一个圆角矩形，如图 5-24 所示，在"图层"面板中生成新的形状图层"圆角矩形 1"。

（10）选择"文件 > 置入嵌入对象"命令，弹出"置入嵌入的对象"对话框，选择云盘中的"Ch05 > 任务 5.1 设计 PC 端家具产品首页 > 素材 > 02"文件，单击"置入"按钮，将图像置入图像窗口中。将其拖曳到适当的位置，按 Enter 键确定操作，效果如图 5-25 所示，在"图层"面板中生成新的图层，将其重命名为"心"。

（11）选择"横排文字"工具 T.，在适当的位置输入需要的文字并选取文字。在"字符"面板中设置文字填充颜色为浓灰色（1、1、1），并设置合适的字体和大小，效果如图 5-26 所示，在"图层"面板中生成新的文字图层。

图 5-24　　　　　　　　　　图 5-25　　　　　　　　　　图 5-26

（12）选择"矩形"工具 □.，在属性栏中将填充颜色设置为无，描边颜色设置为卡其色（200、143、63），描边粗细设置为 3 像素，在图像窗口中绘制一个矩形，如图 5-27 所示，在"图层"面板中生成新的形状图层"矩形 1"。在"属性"面板中进行设置，如图 5-28 所示，效果如图 5-29 所示。

图 5-27　　　　　　　　　　图 5-28　　　　　　　　　　图 5-29

（13）选择"横排文字"工具 T.，在适当的位置分别输入需要的文字并选取文字。在"字符"面板中设置文字的填充颜色为卡其色（200、143、63），并设置合适的字体和大小，效果如图 5-30 所示，在"图层"面板中分别生成新的文字图层。

（14）选择"圆角矩形"工具 □.，在属性栏中将填充颜色设置为卡其色（200、143、63），描边颜色设置为无，半径均设置为 12 像素，在图像窗口中绘制一个圆角矩形，如图 5-31 所示，在"图层"面板中生成新的形状图层"圆角矩形 2"。

（15）选择"横排文字"工具 T.，在适当的位置输入需要的文字并选取文字。在"字符"

面板中设置文字的填充颜色为白色，并设置合适的字体和大小，效果如图 5-32 所示，在"图层"面板中生成新的文字图层。

图 5-30   图 5-31   图 5-32

（16）选择"文件 > 置入嵌入对象"命令，弹出"置入嵌入的对象"对话框，选择云盘中的"Ch05 > 任务 5.1 设计 PC 端家具产品首页 > 素材 > 03"文件，单击"置入"按钮，将图像置入图像窗口中。将其拖曳到适当的位置并调整大小，按 Enter 键确定操作，效果如图 5-33 所示，在"图层"面板中生成新的图层，将其重命名为"展开"。使用相同的方法置入"04"素材文件，效果如图 5-34 所示，在"图层"面板中生成新的图层，将其重命名为"床"。

（17）按住 Shift 键单击"logo"图层，同时选取需要的图层。按 Ctrl+G 组合键，为图层编组并将其重命名为"店招导航"。

（18）选择"视图 > 新建参考线"命令，弹出"新建参考线"对话框，在 150 像素的位置创建水平参考线，设置如图 5-35 所示，单击"确定"按钮，完成参考线的创建。

图 5-33   图 5-34   图 5-35

（19）选择"矩形"工具 ⬜，在属性栏中将填充颜色设置为深卡其色（195、135、73），描边颜色设置为无，在图像窗口中绘制一个矩形，如图 5-36 所示，在"图层"面板中生成新的形状图层"矩形 2"。

图 5-36

（20）选择"横排文字"工具 T.，在适当的位置输入需要的文字并选取文字。在"字符"面板中设置文字的填充颜色为白色，并设置合适的字体和大小，效果如图 5-37 所示，在"图层"面板中分别生成新的文字图层。按住 Shift 键单击"导航"图层，同时选取需要的图层。按 Ctrl+G 组合键，为图层编组并将其重命名为"导航栏"。

图 5-37

（21）选择"视图 > 新建参考线"命令，弹出"新建参考线"对话框，在 1000 像素的位置创建水平参考线，设置如图 5-38 所示，单击"确定"按钮，完成参考线的创建。

（22）选择"矩形"工具 ⬚，在属性栏中将填充颜色设置为淡灰色（245、245、245），描边颜色设置为无，在图像窗口中绘制一个矩形，如图 5-39 所示，在"图层"面板中生成新的形状图层"矩形 3"。

（23）在图像窗口中再次绘制一个矩形，如图 5-40 所示，在属性栏中将填充颜色设置为无，描边颜色设置为白色，描边粗细设置为 14 像素，在"图层"面板中生成新的形状图层，将其重命名为"白色边框"。

图 5-38　　　　　　　　　　图 5-39　　　　　　　　　　图 5-40

（24）选择"横排文字"工具 T.，在适当的位置分别输入需要的文字并选取文字。在"字符"面板中分别设置文字的填充颜色为深灰色（73、73、74）和深卡其色（195、135、73），并分别设置合适的字体和大小，效果如图 5-41 所示，在"图层"面板中分别生成新的文字图层。

（25）选择"矩形"工具 ⬚，在属性栏中将填充颜色设置为无，描边颜色设置为深灰色（8、1、2），描边粗细设置为 1 像素，在图像窗口中绘制一个矩形，如图 5-42 所示，在"图层"面板中生成新的形状图层"矩形 4"。

（26）选择"文件 > 置入嵌入对象"命令，弹出"置入嵌入的对象"对话框，选择云盘中的"Ch05 > 任务 5.1 设计 PC 端家具产品首页 > 素材 > 05"文件，单击"置入"按钮，将图像置入图像窗口中。将其拖曳到适当的位置，按 Enter 键确定操作，效果如图 5-43 所示，在"图层"面板中生成新的图层，将其重命名为"椅子"。

图 5-41　　　　　　　　　　图 5-42　　　　　　　　　　图 5-43

（27）选择"矩形"工具 ⬚，在属性栏中将填充颜色设置为深卡其色（195、135、73），描边颜色设置为无，在图像窗口中绘制一个矩形，如图 5-44 所示，在"图层"面板中生成新的形状图层"矩形 5"。

（28）选择"横排文字"工具 T.，在适当的位置分别输入需要的文字并选取文字。在"字符"

面板中设置文字的填充颜色为白色，并设置合适的字体和大小，效果如图 5-45 所示，在"图层"面板中分别生成新的文字图层。按住 Shift 键单击"矩形 3"图层，同时选取需要的图层。按 Ctrl+G 组合键，为图层编组并将其重命名为"Banner1"。使用相同的方法分别制作"Banner2"和"Banner3"图层组，如图 5-46 所示，效果如图 5-47 和图 5-48 所示。

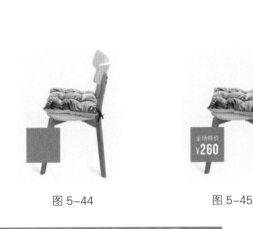

图 5-44　　　　　　　图 5-45　　　　　　　图 5-46

图 5-47　　　　　　　　　　　　图 5-48

（29）选择"矩形"工具 □，在属性栏中将填充颜色设置为中灰色（122、122、122），描边颜色设置为无，在图像窗口中绘制一个矩形，如图 5-49 所示，在"图层"面板中生成新的形状图层"矩形 6"。使用上述的方法置入"03"素材文件，效果如图 5-50 所示，在"图层"面板中生成新的图层，将其重命名为"下一个"。

（30）按住 Shift 键单击"矩形 6"图层，同时选取需要的图层。按 Ctrl+G 组合键，为图层编组并将其重命名为"下一个"。使用相同的方法制作出图 5-51 所示的效果，在"图层"面板中生成新的图层组，将其重命名为"上一个"。

图 5-49　　　　　　　　　图 5-50　　　　　　　　　　　　图 5-51

（31）选择"椭圆"工具 ○，在属性栏中将填充颜色设置为中灰色（73、73、73），描边颜色设置为无，按住 Shift 键在图像窗口中绘制一个圆形，如图 5-52 所示。使用相同的方法再次绘制两个圆形，并填充相应的颜色，如图 5-53 所示，在"图层"面板中生成新的形状图层"椭圆1""椭圆2""椭圆3"。按住Shift键单击"下一个"图层组,同时选取需要的图层组。按Ctrl+G组合键,为图层组编组并将其重命名为"滑动"。按住Shift键单击"Banner3"图层组,同时选取需要的图层组。按Ctrl+G组合键,为图层组编组并将其重命名为"轮播海报",如图5-54所示。

图5-52   图5-53   图5-54

(32)选择"视图 > 新建参考线"命令,弹出"新建参考线"对话框,在1056像素的位置创建一条水平参考线,设置如图5-55所示,单击"确定"按钮,完成参考线的创建。使用相同的方法,在1164像素的位置创建一条水平参考线。

(33)选择"横排文字"工具 **T**,在适当的位置分别输入需要的文字并选取文字。在"字符"面板中分别设置文字的填充颜色为黑色和深灰色(102、102、102),并分别设置合适的字体和大小,效果如图5-56所示,在"图层"面板中分别生成新的文字图层。

(34)选择"视图 > 新建参考线"命令,弹出"新建参考线"对话框,在1220像素的位置创建一条水平参考线,设置如图5-57所示,单击"确定"按钮,完成参考线的创建。使用相同的方法,在1370像素的位置创建一条水平参考线。

图5-55   图5-56   图5-57

(35)选择"矩形"工具 □,在属性栏中将填充颜色设置为无,描边颜色设置为黑色,描边粗细设置为2像素,在图像窗口中绘制一个矩形,如图5-58所示,在"图层"面板中生成新的形状图层"矩形7"。

(36)选择"横排文字"工具 **T**,在适当的位置分别输入需要的文字并选取文字。在"字符"面板中设置文字的填充颜色为浓灰色(1、1、1),并设置合适的字体和大小,效果如图5-59所示,在"图层"面板中分别生成新的文字图层。

(37)选择"圆角矩形"工具 □,在属性栏中将填充颜色设置为卡其色(200、143、

63），描边颜色设置为无，半径均设置为12像素，在图像窗口中绘制一个圆角矩形，如图5-60所示，在"图层"面板中生成新的形状图层"圆角矩形4"。使用上述方法输入文字，在"字符"面板中设置文字的填充颜色为白色，并设置合适的字体和大小，效果如图5-61所示，在"图层"面板中生成新的文字图层。

图5-58　　　　　　　　图5-59　　　　　　　　图5-60　　　　　　　　图5-61

（38）按住Shift键单击"矩形7"图层，同时选取需要的图层。按Ctrl+G组合键，为图层编组并将其重命名为"券1"。使用上述方法分别绘制形状并输入文字，制作出图5-62所示的效果，在"图层"面板中生成新的图层组"券2""券3""券4"。按住Shift键单击"先领券 再购物"图层，同时选取需要的图层。按Ctrl+G组合键，为图层编组并将其重命名为"优惠券"。

（39）选择"视图 > 新建参考线"命令，弹出"新建参考线"对话框，在1426像素的位置创建一条水平参考线，设置如图5-63所示，单击"确定"按钮，完成参考线的创建。使用相同的方法，在2174像素的位置创建一条水平参考线。

（40）选择"矩形"工具 □，在属性栏中将填充颜色设置为淡灰色（245、245、245），描边颜色设置为无，在图像窗口中绘制一个矩形，如图5-64所示，在"图层"面板中生成新的形状图层"矩形8"。

图5-62　　　　　　　　　　图5-63　　　　　　　　　　图5-64

（41）选择"视图 > 新建参考线"命令，弹出"新建参考线"对话框，在1482像素的位置创建一条水平参考线，设置如图5-65所示，单击"确定"按钮，完成参考线的创建。使用相同的方法，在1588像素的位置创建一条水平参考线。

（42）选择"横排文字"工具 T，在适当的位置分别输入需要的文字并选取文字。在"字符"面板中分别设置文字的填充颜色为黑色和深灰色（102、102、102），并分别设置合适的字体和大小，效果如图5-66所示，在"图层"面板中分别生成新的文字图层。

（43）选择"视图 > 新建参考线"命令，弹出"新建参考线"对话框，在1644像素的位置创建一条水平参考线，设置如图5-67所示，单击"确定"按钮，完成参考线的创建。

使用相同的方法，在 2118 像素的位置创建一条水平参考线。

图 5-65　　　　　　图 5-66　　　　　　图 5-67

（44）选择"矩形"工具□，在属性栏中将填充颜色设置为白色，描边颜色设置为无，在图像窗口中绘制一个矩形，如图 5-68 所示，在"图层"面板中生成新的形状图层"矩形 9"。

（45）使用上述方法置入"08"素材文件，在"图层"面板中生成新的图层，将其重命名为"床"。使用上述方法输入文字，在"字符"面板中设置文字的填充颜色为浓灰色（1、1、1），并设置合适的字体和大小，效果如图 5-69 所示，在"图层"面板中生成新的文字图层。使用相同的方法制作出图 5-70 的效果，在"图层"面板中分别生成新的图层。

（46）按住 Shift 键单击"矩形 9"图层，同时选取需要的图层。按 Ctrl+G 组合键，为图层编组并将其重命名为"图标"。按住 Shift 键单击"矩形 8"图层，同时选取需要的图层。按 Ctrl+G 组合键，为图层编组并将其重命名为"分类导航"。

图 5-68　　　　　　图 5-69　　　　　　图 5-70

（47）选择"视图 > 新建参考线"命令，弹出"新建参考线"对话框，在 2230 像素的位置创建一条水平参考线，设置如图 5-71 所示，单击"确定"按钮，完成参考线的创建。使用相同的方法，在 2336 像素的位置创建一条水平参考线。

（48）选择"横排文字"工具 T，在适当的位置分别输入需要的文字并选取文字。在"字符"面板中分别设置文字的填充颜色为黑色和深灰色（102、102、102），并分别设置合适的字体和大小，效果如图 5-72 所示，在"图层"面板中分别生成新的文字图层。

（49）选择"视图 > 新建参考线"命令，弹出"新建参考线"对话框，在 2392 像素的位置创建一条水平参考线，设置如图 5-73 所示，单击"确定"按钮，完成参考线的创建。使用相同的方法，在 3690 像素的位置创建一条水平参考线。

图 5-71　　　　　　　　　　　图 5-72　　　　　　　　　　　图 5-73

（50）选择"矩形"工具 □，在属性栏中将填充颜色设置为淡灰色（245、245、245），描边颜色设置为无，在图像窗口中绘制一个矩形，在"图层"面板中生成新的形状图层"矩形 10"。

（51）选择"文件 > 置入嵌入对象"命令，弹出"置入嵌入的对象"对话框，选择云盘中的"Ch05 > 任务 5.1 设计 PC 端家具产品首页 > 素材 >16"文件，单击"置入"按钮，将图像置入图像窗口中。将其拖曳到适当的位置并调整大小，按 Enter 键确定操作，如图 5-74 所示，在"图层"面板中生成新的图层，将其命名为"沙发椅"。

（52）选择"横排文字"工具 T.，在适当的位置分别输入需要的文字并选取文字。在"字符"面板中分别设置文字的填充颜色为浅灰色（150、150、150）和深灰色（48、48、48），并分别设置合适的字体和大小，效果如图 5-75 所示，在"图层"面板中分别生成新的文字图层。

（53）使用上述方法分别绘制图形、输入文字并置入图标，制作出图 5-76 所示的效果，在"图层"面板中分别生成新的图层并分别为它们重命名。按住 Shift 键单击"矩形 10"图层，同时选取需要的图层。按 Ctrl+G 组合键，为图层编组并将其重命名为"沙发椅"。

图 5-74　　　　　　　　　　　图 5-75　　　　　　　　　　　图 5-76

（54）使用相同的方法制作出图 5-77 所示的效果，在"图层"面板中生成新的图层组，将其重命名为"电视柜"。按住 Shift 键单击"掌柜推荐 优质好货"图层，同时选取需要的图层。按 Ctrl+G 组合键，为图层编组并将其重命名为"掌柜推荐"。

（55）使用上述方法，在 3802 像素和 4780 像素的位置创建两条水平参考线。选择"矩形"工具 □，在属性栏中将填充颜色设置为黑色，描边颜色设置为无，在图像窗口中绘制一个矩形，如图 5-78 所示，在"图层"面板中生成新的形状图层"矩形 12"。

（56）选择"文件 > 置入嵌入对象"命令，弹出"置入嵌入的对象"对话框，选择云盘中的"Ch05 > 任务 5.1 设计 PC 端家具产品首页 > 素材 >19"文件，单击"置入"按钮，将图像置入图像窗口中。将其拖曳到适当的位置并调整大小，按 Enter 键确定操作，在"图层"面板中生成新的图层，将其重命名为"沙发"。按 Alt+Ctrl+G 组合键，为"沙发 1"图层创建剪贴蒙版。在"图层"面板上方，设置图层的"不透明度"为 30%，效果如图 5-79 所示。

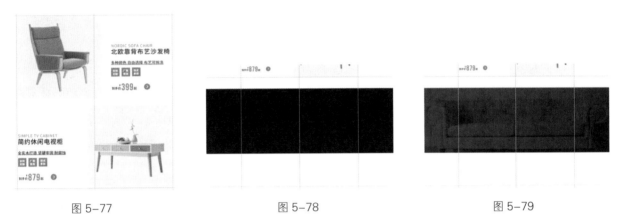

图 5-77　　　　　　　　　　图 5-78　　　　　　　　　　图 5-79

（57）选择"横排文字"工具 T.，在适当的位置分别输入需要的文字并选取文字。在"字符"面板中设置文字的填充颜色为深卡其色（195、135、73），并设置合适的字体和大小，效果如图 5-80 所示，在"图层"面板中分别生成新的文字图层。

（58）选择"矩形"工具 □，在属性栏中将填充颜色设置为淡灰色（245、245、245），描边颜色设置为无，在图像窗口中绘制一个矩形，在"图层"面板中生成新的形状图层"矩形 13"。

（59）选择"文件 > 置入嵌入对象"命令，弹出"置入嵌入的对象"对话框，选择云盘中的"Ch05 > 任务 5.1 设计 PC 端家具产品首页 > 素材 >20"文件，单击"置入"按钮，将图像置入图像窗口中。将其拖曳到适当的位置并调整大小，按 Enter 键确定操作，如图 5-81 所示，在"图层"面板中生成新的图层并将其重命名为"沙发 2"。

（60）使用上述方法，分别绘制图形、输入文字并置入图标，制作出图 5-82 所示的效果，在"图层"面板中分别生成新的图层，分别为它们重命名。按住 Shift 键单击"矩形 13"图层，同时选取需要的图层。按 Ctrl+G 组合键，为图层编组并将其重命名为"沙发"。

图 5-80　　　　　　　　　　图 5-81　　　　　　　　　　图 5-82

（61）使用上述方法，根据需要分别创建参考线、绘制图形、输入文字并置入图标，制作出图 5-83 所示的效果，在"图层"面板中分别生成新的图层组。按住 Shift 键单击"矩形 12"图层，同时选取需要的图层。按 Ctrl+G 组合键，为图层编组并将其重命名为"更多产品"。

（62）使用上述方法，在 6492 像素的位置创建一条水平参考线。选择"矩形"工具 ▢，在属性栏中将填充颜色设置为黑色，描边颜色设置为无，在图像窗口中绘制一个矩形，在"图层"面板中生成新的形状图层"矩形 14"。

（63）选择"文件 > 置入嵌入对象"命令，弹出"置入嵌入的对象"对话框，选择云盘中的"Ch05 > 任务 5.1 设计 PC 端家具产品首页 > 素材 >25"文件，单击"置入"按钮，将图像置入图像窗口中。将其拖曳到适当的位置并调整大小，按 Enter 键确定操作，在"图层"面板中生成新的图层，将其重命名为"沙发 3"。按 Alt+Ctrl+G 组合键，为"沙发 3"图层创建剪贴蒙版。在"图层"面板上方，设置图层的"不透明度"为 20%，效果如图 5-84 所示。使用上述方法，分别置入图标并输入文字，制作出图 5-85 所示的效果，在"图层"面板中分别生成新的图层。

图 5-83

图 5-84　　　　　　　　　　　图 5-85

（64）选择"椭圆"工具 ◯，在属性栏中将填充颜色设置为无，描边颜色设置为深卡其色（195、135、73），描边粗细设置为 6 像素，按住 Shift 键在图像窗口中绘制一个圆形，如图 5-86 所示，在"图层"面板中生成新的形状图层"椭圆 5"。使用上述方法，分别绘制圆形、置入图标并输入文字，制作出图 5-87 所示的效果，在"图层"面板中分别生成新的图层。

图 5-86

图 5-87

（65）选择"圆角矩形"工具 ▢，在属性栏中将填充颜色设置为深卡其色（195、135、73），描边颜色设置为无，半径均设置为30像素，在图像窗口中绘制一个圆角矩形，在"图层"面板中生成新的形状图层"圆角矩形 6"。使用上述方法输入文字，在"字符"面板中设置文字的填充颜色为白色，并设置合适的字体和大小，效果如图 5-88 所示，在"图层"面板中生成新的文字图层。

图 5-88

（66）按住 Shift 键单击"椭圆 5"图层，同时选取需要的图层。按 Ctrl+G 组合键，为图层编组并将其重命名为"返回顶部"。按住 Shift 键单击"矩形 14"图层，同时选取需要的图层。按 Ctrl+G 组合键，为图层编组并将其重命名为"底部信息"。

（67）选择"文件 > 导出 > 存储为 Web 所用格式（旧版）"命令，在弹出的对话框中进行设置，如图 5-89 所示，单击"存储"按钮，导出效果图。PC 端家具产品首页制作完成。

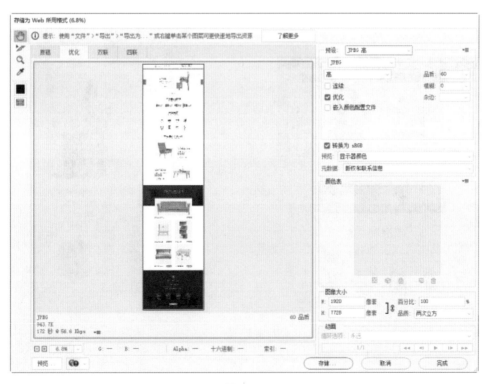

图 5-89

任务 5.2   设计 PC 端春夏女装首页

5.2.1   任务引入

本任务要求读者首先认识"直接选择"工具、"路径选择"工具；然后通过设计 PC 端春夏女装首页，掌握 PC 端首页的设计要点与制作方法。

5.2.2   设计理念

在设计过程中，围绕主体物女装进行创作。首页的背景色为纯色与多种几何图形相互衬托。色彩选取深红色、中黄色和淡粉色，分别体现了前卫、时尚和韵味。字体选用思源黑体和 Bebas Neue，起到了呼应主题的作用。整体设计充满特色，契合主题。最终效果如图 5-90 所示，文件为"云盘 /Ch05/ 任务 5.2 设计 PC 端春夏女装首页 / 工程文件"。

（a）

（b）

图 5-90

5.2.3   任务知识："直接选择"工具、"路径选择"工具

"路径选择"工具 ▶ 和"直接选择"工具 ▶ 的工具栏如图 5-91 所示。

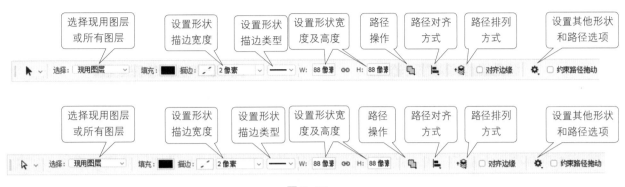

图 5-91

5.2.4　任务实施

（1）按 Ctrl+N 组合键，弹出"新建文档"对话框，设置宽度为 1920 像素，高度为 8016 像素，分辨率为 72 像素 / 英寸，颜色模式为 RGB，背景内容为白色，如图 5-92 所示，单击"创建"按钮，新建一个文件。

（2）选择"矩形"工具 □，在属性栏的"选择工具模式"下拉列表中选择"形状"选项，将填充颜色设置为黑色，描边颜色设置为无。在图像窗口中适当的位置绘制一个矩形，在"图层"面板中生成新的形状图层"矩形 1"。选择"窗口 > 属性"命令，弹出"属性"面板，在面板中进行设置，如图 5-93 所示，效果如图 5-94 所示。

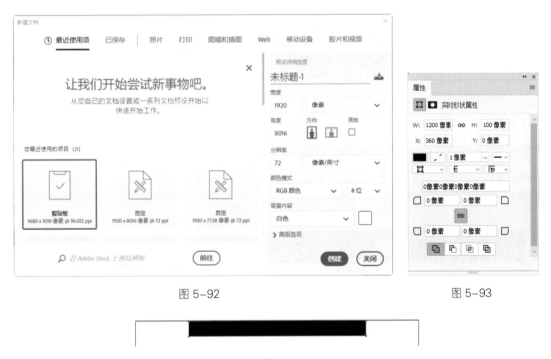

图 5-92　　　　　　　　　　　　　　　　　图 5-93

图 5-94

（3）按 Ctrl+R 组合键，显示标尺。选择"视图 > 对齐到 > 全部"命令，将鼠标指针移动到图像窗口左侧的标尺上，按住鼠标左键水平向右拖曳，在矩形左侧锚点的位置松开鼠标，完成参考线的创建，效果如图 5-95 所示。使用相同的方法，在矩形右侧锚点的位置创建一条参考线，效果如图 5-96 所示。

图 5-95   图 5-96

（4）按 Ctrl+T 组合键，在矩形周围出现变换框，如图 5-97 所示。将鼠标指针移动到图像窗口左侧的标尺上，按住鼠标左键水平向右拖曳，在矩形中心点的位置松开鼠标，完成参考线的创建，效果如图 5-98 所示。按 Enter 键确定操作，在"图层"面板中选中"矩形 1"图层，按 Delete 键将其删除。

图 5-97   图 5-98

（5）选择"视图 > 新建参考线"命令，弹出"新建参考线"对话框，在 120 像素的位置创建一条水平参考线，设置如图 5-99 所示，单击"确定"按钮，完成参考线的创建。

（6）选择"矩形"工具 ▢，在属性栏中将填充颜色设置为深红色（171、65、39），描边颜色设置为无，在图像窗口中绘制一个矩形，如图 5-100 所示，在"图层"面板中生成新的形状图层"矩形 1"。

图 5-99   图 5-100

（7）选择"文件 > 置入嵌入对象"命令，弹出"置入嵌入的对象"对话框，选择云盘中的"Ch05 > 任务 5.2 设计 PC 端春夏女装首页 > 素材 > 01"文件，单击"置入"按钮，将图像置入图像窗口中。将其拖曳到适当的位置，按 Enter 键确定操作，效果如图 5-101 所示，在"图层"面板中生成新的图层，将其重命名为"logo"。

图 5-101

（8）选择"圆角矩形"工具 ▢，在属性栏中将填充颜色设置为中黄色（255、187、96），描边颜色设置为无，描边半径设置为 8 像素，在图像窗口中绘制一个圆角矩形，如图 5-102 所示，在"图层"面板中生成新的形状图层"圆角矩形 1"。

（9）选择"横排文字"工具 T，在适当的位置分别输入需要的文字并选取文字。选择"窗口 > 字符"命令，打开"字符"面板，将颜色分别设置为深红色（171、65、

39）和白色，并设置合适的字体和大小，效果如图 5-103 所示，在"图层"面板中分别生成新的文字图层。

图 5-102　　　　　　　　　　　　　　图 5-103

（10）选择"直线"工具 ，在属性栏中将填充颜色设置为无，描边颜色设置为白色，描边粗细设置为 2 像素。按住 Shift 键在适当的位置绘制一条竖线，如图 5-104 所示，在"图层"面板中生成新的形状图层"形状 1"。

（11）按住 Shift 键单击"HOT"图层，同时选取需要的图层。选择"移动"工具 ，按住 Alt+Shift 组合键水平向右拖曳文字和图形到适当的位置，如图 5-105 所示，复制图形和文字，在"图层"面板中分别生成新的图层。选择"横排文字"工具 ，分别选取文字并修改文字，效果如图 5-106 所示。

图 5-104　　　　　　　图 5-105　　　　　　　图 5-106

（12）使用相同的方法输入其他文字，效果如图 5-107 所示，在"图层"面板中分别生成新的文字图层。选择"椭圆"工具 ，在属性栏中将填充颜色设置为无，描边颜色设置为白色，描边粗细设置为 2 像素，按住 Shift 键在图像窗口中绘制一个圆形，如图 5-108 所示，在"图层"面板中生成新的形状图层"椭圆 1"。按住 Shift 键单击"HOT"图层，同时选取需要的图层。按 Ctrl+G 组合键，为图层编组并将其重命名为"热卖"。

图 5-107　　　　　　　　　　　　　图 5-108

（13）选择"视图 > 新建参考线"命令，弹出"新建参考线"对话框，在 150 像素的位置创建一条水平参考线，单击"确定"按钮，完成参考线的创建。

（14）选择"矩形"工具 ，在属性栏中将填充颜色设置为中黄色（255、187、96），描边颜色设置为无，在图像窗口中绘制一个矩形，如图 5-109 所示，在"图层"面板中生成新的形状图层"矩形 2"。

图 5-109

（15）选择"横排文字"工具 T.，在适当的位置分别输入需要的文字并选取文字。在"字符"面板中将颜色设置为黑色，并设置合适的字体和大小，效果如图5-110所示，在"图层"面板中分别生成新的文字图层。

（16）按住Shift键单击"矩形2"图层，同时选取需要的图层。按Ctrl+G组合键，为图层编组并将其重命名为"导航"。按住Shift键单击"矩形1"图层，同时选取需要的图层。按Ctrl+G组合键，为图层编组并将其重命名为"店招和导航条"。

图 5-110

（17）选择"视图 > 新建参考线"命令，弹出"新建参考线"对话框，在900像素的位置创建一条水平参考线，设置如图5-111所示，单击"确定"按钮，完成参考线的创建。

（18）选择"矩形"工具 □.，在属性栏中将填充颜色设置为淡红色（223、142、122），描边颜色设置为无，在图像窗口中绘制一个矩形，如图5-112所示，在"图层"面板中生成新的形状图层"矩形3"。

图 5-111

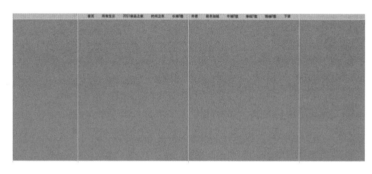

图 5-112

（19）在图像窗口中再次绘制一个矩形，在属性栏中将填充颜色设置为深红色（171、65、39），描边颜色设置为无，如图5-113所示，在"图层"面板中生成新的形状图层"矩形4"。选择"直接选择"工具 ▷.，按住Shift键单击选取需要的锚点，将其拖曳到适当的位置，效果如图5-114所示。

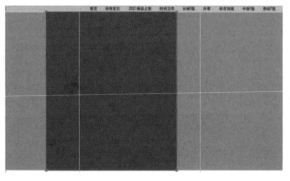

图 5-113

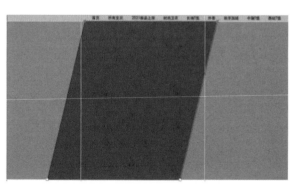

图 5-114

（20）使用相同的方法制作出图5-115所示的效果。选择"圆角矩形"工具 ，在图像窗口中绘制一个圆角矩形，在属性栏中将填充颜色设置为淡粉色（252、231、230），描边颜色设置为无，在"属性"面板中进行设置，如图5-116所示，效果如图5-117所示，在"图层"面板中生成新的形状图层"圆角矩形2"。

图5-115　　　　　　　　　　图5-116　　　　　　　　　　图5-117

（21）在图像窗口中再次绘制一个圆角矩形，在属性栏中将填充颜色设置为深红色（171、65、39），描边颜色设置为无，半径均设置为2像素，效果如图5-118所示，在"图层"面板中生成新的形状图层"圆角矩形3"。按Ctrl+T组合键，图形周围出现变换框，将鼠标指针放在变换框的控制手柄外边，鼠标指针变为旋转箭头形状 ，拖曳鼠标将图形旋转到适当的角度，按Enter键确定操作，效果如图5-119所示。

（22）选择"路径选择"工具 ，选中图形，按住Alt+Shift组合键垂直向下拖曳图形到适当的位置，复制图形，如图5-120所示。使用相同的方法复制多个图形，按Enter键确定操作，效果如图5-121所示。按Ctrl+J组合键，复制图层，在"图层"面板中生成新的形状图层"圆角矩形3拷贝"，将其拖曳到适当的位置，效果如图5-122所示。

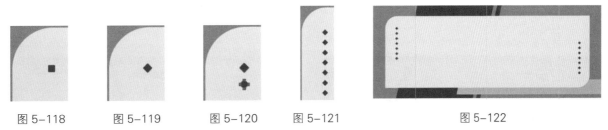

图5-118　　　　图5-119　　　　图5-120　　　　图5-121　　　　　　　图5-122

（23）选择"椭圆"工具 ，按住Shift键在图像窗口中绘制一个圆形，在属性栏中将填充颜色设置为无，描边颜色设置为中黄色（255、187、96），描边粗细设置为2像素。使用相同的方法再次绘制一个圆形，按Enter键确定操作，效果如图5-123所示，在"图层"面板中生成新的形状图层"椭圆2"和"椭圆2拷贝"。

（24）使用上述方法分别绘制需要的形状，制作出图5-124所示的效果，在"图层"面板中分别生成新的形状图层。

图 5-123　　　　　　　　　　　　　　　　　图 5-124

（25）选择"文件 > 置入嵌入对象"命令，弹出"置入嵌入的对象"对话框，选择云盘中的"Ch05 > 任务 5.2 设计 PC 端春夏女装首页 > 素材 > 02"文件，单击"置入"按钮，将图像置入图像窗口中。将其拖曳到适当的位置，按 Enter 键确定操作，效果如图 5-125 所示，在"图层"面板中生成新的图层，将其重命名为"人物"。

（26）单击"图层"面板下方的"添加图层蒙版"按钮 ▣，为图层添加蒙版。将前景色设置为白色，选择"矩形"工具 ▢，在属性栏的"选择工具模式"下拉列表中选择"像素"选项，在图像窗口中适当的位置绘制一个矩形，隐藏不需要的部分，效果如图 5-126 所示。

（27）使用上述的方法分别输入需要的文字并绘制需要的形状，制作出图 5-127 所示的效果，在"图层"面板中分别生成新的图层。按住 Shift 键单击"矩形 3"图层，同时选取需要的图层。按 Ctrl+G 组合键，为图层编组并将其重命名为"Banner1"。使用相同的方法分别制作"Banner2"和"Banner3"图层组，效果如图 5-128 和图 5-129 所示。

图 5-125　　　　　　　　图 5-126　　　　　　　　图 5-127

图 5-128　　　　　　　　　　　　　　　　　图 5-129

（28）选择"矩形"工具 ▢，在属性栏的"选择工具模式"下拉列表中选择"形状"选项，将填充颜色设置为深粉色（239、199、189），描边颜色设置为无，在图像窗口中绘制一个矩形，如图 5-130 所示，在"图层"面板中生成新的形状图层"矩形 9"。使用上述方法置入"05"素材文件，在"图层"面板中生成新的图层，将其重命名为"下一个"，效果如图 5-131 所示。

（29）按住 Shift 键单击"矩形 9"图层，同时选取需要的图层。按 Ctrl+G 组合键，为图层编组并将其重命名为"下一个"。使用相同的方法制作出图 5-132 所示的效果，在"图层"面板中生成新的图层组，将其重命名为"上一个"。

图 5-130   图 5-131   图 5-132

（30）选择"椭圆"工具 ○，在属性栏中将填充颜色设置为中灰色（73、73、73），描边颜色设置为无，按住 Shift 键在图像窗口中绘制一个圆形，如图 5-133 所示。使用上述的方法再次复制两个圆形，并设置填充颜色为白色，如图 5-134 所示，在"图层"面板中生成新的形状图层"椭圆 3""椭圆 3 拷贝""椭圆 3 拷贝 2"。按住 Shift 键单击"下一个"图层组，同时选取需要的图层组。按 Ctrl+G 组合键，为图层组编组并将其重命名为"滑动"。按住 Shift 键单击"Banner3"图层组，同时选取需要的图层组。按 Ctrl+G 组合键，为图层组编组并将其重命名为"轮播海报"。

（31）选择"视图 > 新建参考线"命令，弹出"新建参考线"对话框，在 1460 像素的位置创建一条水平参考线，设置如图 5-135 所示，单击"确定"按钮，完成参考线的创建。

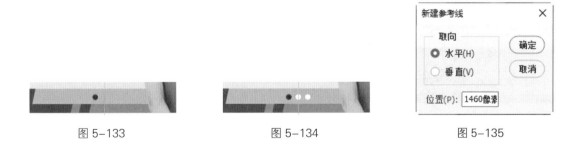

图 5-133   图 5-134   图 5-135

（32）选择"矩形"工具 □，在属性栏中将填充颜色设置为浅粉色（252、231、230），描边颜色设置为无，在图像窗口中绘制一个矩形，如图 5-136 所示，在"图层"面板中生成新的形状图层"矩形 17"。

（33）选择"视图 > 新建参考线"命令，弹出"新建参考线"对话框，在 972 像素的位置创建一条水平参考线，设置如图 5-137 所示，单击"确定"按钮，完成参考线的创建。使用相同的方法，在 1072 像素的位置创建一条水平参考线，如图 5-138 所示。

图 5-136　　　　　　　　　　　图 5-137　　　　　　　　　　　图 5-138

（34）选择"横排文字"工具 T.，在适当的位置输入需要的文字并选取文字。在"字符"面板中设置文字的填充颜色为深红色（171、65、39），并设置合适的字体和大小，效果如图 5-139 所示，在"图层"面板中生成新的文字图层。使用上述方法分别绘制需要的形状，制作出图 5-140 所示的效果，在"图层"面板中生成新的形状图层。按住 Shift 键单击"宠粉礼券优惠多多"图层，同时选取需要的图层。按 Ctrl+G 组合键，为图层编组并将其重命名为"标题"。

图 5-139

图 5-140

（35）选择"矩形"工具 □.，在属性栏中将填充颜色设置为深红色（171、65、39），描边颜色设置为无，在图像窗口中绘制一个矩形，如图 5-141 所示，在"图层"面板中生成新的形状图层"矩形 19"。在图像窗口中再次绘制一个矩形，在属性栏中将填充颜色设置为中黄色（255、187、96），描边颜色设置为无，如图 5-142 所示，在"图层"面板中生成新的形状图层"矩形 20"。

图 5-141

图 5-142

（36）选择"椭圆"工具 ○.，在属性栏中单击"路径操作"按钮 □.，在弹出的菜单中选择"减去顶层形状"命令，按住 Shift 键在适当的位置绘制一个圆形，效果如图 5-143 所示。使用相同的方法再次绘制一个圆形，按 Enter 键确定操作，效果如图 5-144 所示。

（37）选择"横排文字"工具 T.，在适当的位置输入需要的文字并选取文字。在"字符"面板中设置文字的填充颜色为奶黄色（255、228、191），并设置合适的字体和大小，效果如图 5-145 所示，在"图层"面板中生成新的文字图层。按 Alt+Ctrl+G 组合键，为图层创建剪贴蒙版，效果如图 5-146 所示。

图 5-143   图 5-144   图 5-145   图 5-146

（38）再次在适当的位置输入需要的文字并选取文字。在"字符"面板中设置文字的填充颜色为白色，并设置合适的字体和大小，在"图层"面板中生成新的文字图层。单击"图层"面板下方的"添加图层样式"按钮 *fx*，在弹出的菜单中选择"描边"命令，设置描边颜色为深红色（171、65、39），其他选项的设置如图 5-147 所示，单击"确定"按钮，效果如图 5-148 所示。使用相同的方法制作出图 5-149 所示的效果，在"图层"面板中生成新的图层。

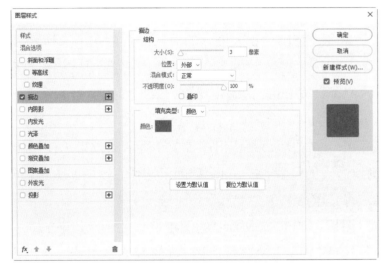

图 5-147   图 5-148   图 5-149

（39）按住 Shift 键单击"矩形 20"图层，同时选取需要的图层。按 Ctrl+G 组合键，为图层编组并将其重命名为"券 1"。使用上述方法制作出图 5-150 所示的效果，在"图层"面板中生成新的图层组"券 2"和"券 3"。按住 Shift 键单击"矩形 17"图层，同时选取需要的图层。按 Ctrl+G 组合键，为图层编组并将其重命名为"优惠券"。

（40）选择"视图 > 新建参考线"命令，弹出"新建参考线"对话框，在 1532 像素的位置创建一条水平参考线，设置如图 5-151 所示，单击"确定"按钮，完成参考线的创建。使用相同的方法，在 1632 像素和 2192 像素的位置创建两条水平参考线。

图 5-150   图 5-151

（41）使用上述方法分别输入文字并绘制图形，制作出图 5-152 所示的效果，在"图层"面板中生成新的图层组，将其重命名为"标题"。

（42）选择"矩形"工具 □，在属性栏中将填充颜色设置为淡灰色（243、242、239），描边颜色设置为无，在图像窗口中绘制一个矩形，如图 5-153 所示，在"图层"面板中生成新的形状图层"矩形 21"。

图 5-152

图 5-153

（43）选择"文件 > 置入嵌入对象"命令，弹出"置入嵌入的对象"对话框，选择云盘中的"Ch05 > 任务 5.2 设计 PC 端春夏女装首页 > 素材 > 06"文件，单击"置入"按钮，将图像置入图像窗口中。将其拖曳到适当的位置，按 Enter 键确定操作，效果如图 5-154 所示，在"图层"面板中生成新的图层并将其重命名为"T 恤"。

（44）使用上述的方法分别输入文字并绘制图形，制作出图 5-155 所示的效果。使用相同的方法置入"10"素材文件，将其拖曳到适当的位置，按 Enter 键确定操作，效果如图 5-156 所示，在"图层"面板中生成新的图层，将其重命名为"展开"。

（45）按住 Shift 键单击"矩形 21"图层，同时选取需要的图层。按 Ctrl+G 组合键，为图层编组并将其重命名为"春夏 T 恤"。使用上述方法制作出图 5-157 所示的效果，在"图层"面板中生成新的图层组"时尚短裙""牛仔短裤""连衣裙"。按住 Shift 键单击"标题"图层组，同时选取需要的图层组。按 Ctrl+G 组合键，为图层组编组并将其重命名为"热门分类"。

图 5-154

图 5-155

图 5-156

图 5-157

（46）选择"视图 > 新建参考线"命令，弹出"新建参考线"对话框，在 2264 像素的位置创建一条水平参考线，设置如图 5-158 所示，单击"确定"按钮，完成参考线的创建。使用相同的方法，在 2366 像素和 3884 像素的位置创建两条水平参考线。

（47）选择"矩形"工具 □，在属性栏中将填充颜色设置为淡粉色（252、231、

230），描边颜色设置为无，在图像窗口中绘制一个矩形，如图 5-159 所示，在"图层"面板中生成新的形状图层"矩形 22"。

（48）使用上述方法分别输入文字并绘制图形，制作出图 5-160 所示的效果，在"图层"面板中生成新的图层组，将其重命名为"标题"。选择"矩形"工具 □，在属性栏中将填充颜色设置为深红色（171、65、39），描边颜色设置为无，在图像窗口中绘制一个矩形，如图 5-161 所示，在"图层"面板中生成新的形状图层"矩形 23"。

图 5-158　　　　　　　图 5-159　　　　　　　图 5-160

（49）在图像窗口中再次绘制一个矩形，在属性栏中将填充颜色设置为淡粉色（252、231、230），描边颜色设置为无，如图 5-162 所示，在"图层"面板中生成新的形状图层"矩形 24"。

（50）选择"文件 > 置入嵌入对象"命令，弹出"置入嵌入的对象"对话框，选择云盘中的"Ch05 > 任务 5.2 设计 PC 端春夏女装首页 > 素材 >11"文件，单击"置入"按钮，将图像置入图像窗口中。将其拖曳到适当的位置，按 Enter 键确定操作，在"图层"面板中生成新的图层，将其重命名为"人物 4"，按 Alt+Ctrl+G 组合键，为图层创建剪贴蒙版，效果如图 5-163 所示。

（51）使用上述方法分别输入文字并绘制图形，制作出图 5-164 所示的效果，在"图层"面板中分别生成新的图层。

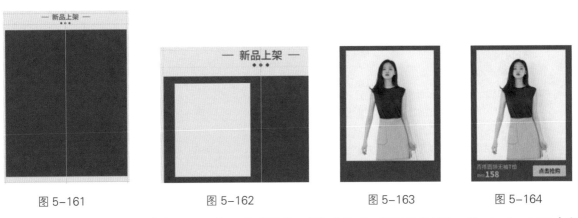

图 5-161　　　　　　　图 5-162　　　　　　　图 5-163　　　　　　　图 5-164

（52）按住 Shift 键单击"矩形 24"图层，同时选取需要的图层。按 Ctrl+G 组合键，为图层编组并将其重命名为"商品1"。使用上述方法制作出图5-165所示的效果，在"图层"面板中将生成新的图层组"商品2""商品3""商品4""商品5"。按住Shift键单击"矩形22"图层，同时选取需要的图层。按Ctrl+G组合键，为图层编组并将其重命名为"新品上架"。

（53）选择"视图 > 新建参考线"命令，弹出"新建参考线"对话框，在3958像素的位置创建一条水平参考线，设置如图5-166所示，单击"确定"按钮，完成参考线的创建。使用相同的方法，在4058像素和6948像素的位置创建两条水平参考线。

（54）使用上述方法分别输入文字并绘制图形，制作出图5-167所示的效果，在"图层"面板中生成新的图层组，将其重命名为"标题"。

图5-165　　　　　　　　　　图5-166　　　　　　　　　　图5-167

（55）选择"圆角矩形"工具 ◻，在图像窗口中绘制一个圆角矩形，在属性栏中将填充颜色设置为中黄色（255、187、96），描边颜色设置为无，在"属性"面板中进行设置，如图5-168所示，效果如图5-169所示，在"图层"面板中生成新的形状图层"圆角矩形12"。

（56）选择"文件 > 置入嵌入对象"命令，弹出"置入嵌入的对象"对话框，选择云盘中的"Ch05 > 任务5.2 设计PC端春夏女装首页 > 素材 >16"文件，单击"置入"按钮，将图像置入图像窗口中。将其拖曳到适当的位置，按Enter键确定操作，在"图层"面板中生成新的图层，将其重命名为"人物9"，按Alt+Ctrl+G组合键，为图层创建剪贴蒙版，效果如图5-170所示。

图5-168　　　　　　　　　　图5-169　　　　　　　　　　图5-170

（57）使用相同的方法绘制图形并置入图像，制作出图 5-171 所示的效果，在"图层"面板中生成新的图层。选择"横排文字"工具 T.，在适当的位置输入需要的文字并选取文字。在"字符"面板中设置文字的填充颜色为深红色（171、65、39），并设置合适的字体和大小，如图 5-172 所示。使用相同的方法分别输入其他文字，效果如图 5-173 所示，在"图层"面板中分别生成新的文字图层。使用上述方法分别绘制图形并置入图标，制作出图 5-174 所示的效果，在"图层"面板中分别生成新的图层。

图 5-171　　　　　图 5-172　　　　　图 5-173　　　图 5-174

（58）按住 Shift 键单击"圆角矩形 12"图层，同时选取需要的图层。按 Ctrl+G 组合键，为图层编组并将其重命名为"详情展示 1"。使用上述方法制作出图 5-175 所示的效果，在"图层"面板中生成新的图层组"详情展示 2"和"详情展示 3"。按住 Shift 键单击"标题"图层组，同时选取需要的图层组。按 Ctrl+G 组合键，为图层组编组并将其重命名为"爆款推荐"。

（59）选择"矩形"工具 □.，在属性栏中将填充颜色设置为深红色（171、65、39），描边颜色设置为无，在图像窗口中绘制一个矩形，如图 5-176 所示，在"图层"面板中生成新的形状图层"矩形 25"。

（60）选择"视图 > 新建参考线"命令，弹出"新建参考线"对话框，在 7020 像素的位置创建一条水平参考线，设置如图 5-177 所示，单击"确定"按钮，完成参考线的创建。使用相同的方法，在 7120 像素的位置创建一条水平参考线。

图 5-175　　　　　　图 5-176　　　　　　图 5-177

（61）使用上述方法分别输入文字并绘制图形，制作出图 5-178 所示的效果，在"图层"面板中生成新的图层组，将其重命名为"标题"。

（62）选择"矩形"工具 □，在属性栏中将填充颜色设置为中黄色（255、187、96），描边颜色设置为无，在图像窗口中绘制一个矩形，如图 5-179 所示。使用相同的方法再次绘制一个矩形，在属性栏中将填充颜色设置为白色，效果如图 5-180 所示，在"图层"面板中分别生成新的形状图层"矩形 26"和"矩形 27"。

（63）选择"文件 > 置入嵌入对象"命令，弹出"置入嵌入的对象"对话框，选择云盘中的"Ch05 > 任务 5.2 设计 PC 端春夏女装首页 > 素材 >21"文件，单击"置入"按钮，将图像置入图像窗口中。将其拖曳到适当的位置，按 Enter 键确定操作，在"图层"面板中生成新的图层，将其重命名为"衣服 2"，按 Alt+Ctrl+G 组合键，为图层创建剪贴蒙版，效果如图 5-181 所示。

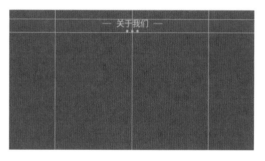

图 5-178

图 5-179

图 5-180

（64）选择"文件 > 置入嵌入对象"命令，弹出"置入嵌入的对象"对话框，选择云盘中的"Ch05 > 任务 5.2 设计 PC 端春夏女装首页 > 素材 >22"文件，单击"置入"按钮，将图像置入图像窗口中。将其拖曳到适当的位置，按 Enter 键确定操作，如图 5-182 所示，在"图层"面板中生成新的图层，将其重命名为"logo 2"。

（65）使用上述方法分别输入文字并绘制图形，制作出图 5-183 所示的效果，在"图层"面板中分别生成新的图层。按住 Shift 键单击"矩形 25"图层，同时选取需要的图层。按 Ctrl+G 组合键，为图层编组并将其重命名为"关于我们"。

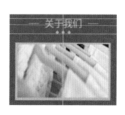

图 5-181

图 5-182

图 5-183

（66）选择"文件 > 导出 > 存储为 Web 所用格式（旧版）"命令，在弹出的对话框中进行设置，如图 5-184 所示，单击"存储"按钮，导出效果图。至此，PC 端家具产品首页制作完成。

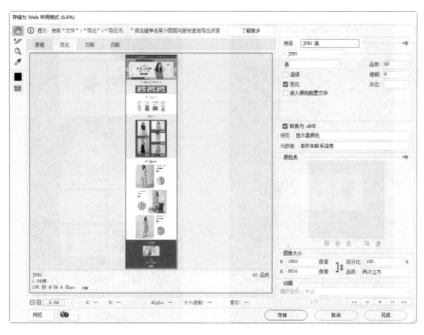

图 5-184

任务 5.3　项目演练——设计 PC 端数码产品首页

5.3.1　任务引入

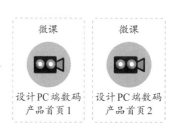

本任务要求读者通过设计 PC 端数码产品首页，掌握 PC 端首页的设计要点与制作方法。

5.3.2　设计理念

在设计过程中，围绕主体物耳机进行创意。首页的背景为渐变色，以纯色作为点缀。色彩选取亮蓝色、深紫色和玫红色，分别体现了科技、时尚和悦耳。字体选用方正粉丝天下简体、思源黑体和 Bebas Neue，起到了呼应主题的作用。图标采用与耳机相关的线性图标，呈现出简约、精致的特点。整体设计充满特色，契合主题。最终效果如图 5-185 所示，文件为"云盘 /5.3 项目演练——设计 PC 端数码产品首页 / 工程文件"。

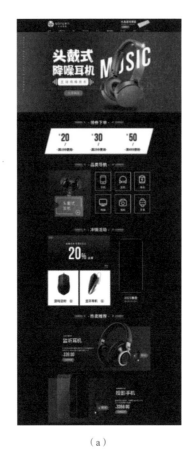

（a）

（b）

图 5-185

06

项目6

制作个性化的详情页
——PC端店铺详情页设计

PC端店铺详情页的设计同首页的设计一样，属于网店美工设计任务中的综合型任务，精心设计的PC端店铺详情页能够激发消费者的购买欲望。本项目对PC端店铺详情页的设计基础知识进行系统讲解，并针对流行风格及典型行业的PC端店铺详情页设计进行任务演练。通过本项目的学习，读者可以对PC端店铺详情页的设计有一个系统的认识，并快速掌握PC端店铺详情页的设计规范和制作方法，成功制作出让消费者有购买欲望的PC端店铺详情页。

学习引导

知识目标
- 了解 PC 端店铺详情页的设计尺寸
- 了解 PC 端店铺详情页的核心模块

能力目标
- 了解 PC 端店铺详情页的设计思路
- 掌握 PC 端店铺详情页的制作方法

素养目标
- 培养对 PC 端店铺详情页的审美鉴赏能力
- 培养对 PC 端店铺详情页的设计创作能力

实训任务
- 设计 PC 端中秋美食详情页
- 设计 PC 端餐具详情页

相关知识：PC端店铺详情页设计基础知识

　　店铺详情页即店铺向消费者展示商品详细信息、使消费者点击购买的页面，店铺详情页具有展现商品内容、完成商品转化的作用，如图6-1所示。

图6-1

　　PC端店铺详情页的尺寸主要有两类：一类是以淘宝网为代表，宽度为750像素的详情页；另一类是以京东商城和天猫商城为代表，宽度为790像素的详情页。两者高度均不限。模块根据位置，可以分为左侧模块和右侧模块：左侧模块包括商品搜索模块、分类模块、排行榜模块和推荐模块等；右侧模块包括商品基础信息模块、描述信息模块、自定义模块和相关信息模块。其中，需要网店美工进行重点设计的是自定义模块，该模块的宽度可以根据商家的不同需要进行组合变化。自定义模块通常由"商品焦点图""卖点提炼""商品展示""细节展示""商品信息"和其他模块构成，如图6-2所示。

① 商品焦点图设计基础知识

　　商品焦点图即详情页中的商品Banner，通常位于详情页中商品描述信息的下方，类似于店铺首页的轮播海报。焦点图主要用于更好地展示商品优势，使详情页中的商品更加吸引消费者，起到体现商品真实性，把消费者代入场景的作用，如图6-3所示。

（a）　　　　　　（b）

图 6-2

图 6-3

商品焦点图的高度不限，通常建议为 950 像素或 960 像素。主标题字号建议在60～70 点，副标题字号建议在 40～50 点，文字叙述字号建议在 25～30 点。

❷ 卖点提炼模块设计基础知识

卖点提炼即对商品特点的提炼，该模块通常位于商品焦点图的下方或同商品焦点图组合，主要用于向消费者展示商品的独特之处，使其产生购买欲望，起到展示商品卖点、挖掘用户需求的作用，如图 6-4 所示。

卖点提炼中的文本应简短且具有说服力，建议使用 30～40 点的黑体字。图标应醒目且和卖点呼应。

❸ 商品展示模块设计基础知识

商品展示模块用于展示商品的内容，通常位于卖点提炼模块的下方，通常由 3～5张图片组成，实现"一屏一卖点"，起到进一步展示商品优势、呈现商品功能的作用，如图 6-5 所示。

商品展示模块的设计可以参考商品焦点图的设计进行。需要注意的是，因为商品展示模块通常有 3～5 张图片，所以商品的展示角度和背景既要统一又要有一定的区别，避免使消费者产生视觉疲劳。

图 6-4

图 6-5

4 细节展示模块设计基础知识

　　细节展示模块常用于展示商品的细节放大图，通常位于卖点提炼模块或商品展示模块的下方，用于将商品细节进行最大限度的展示，可以使消费者更加信任商品，起到剖析商品特点、深入了解商品的作用，如图 6-6 所示。

　　细节展示模块在设计时不宜太过复杂，整体应呈现出简洁的效果。如果商品带有背景，建议使用浅色的背景，这样可以保证细节展示更清晰。

5 商品信息模块设计基础知识

　　商品信息模块常用于展示商品的真实数据，通常位于卖点提炼模块或细节展示模块的下方。网店美工需要将商品的尺寸、颜色等内容充分展示给消费者，以起到全面介绍商品、引导消费者了解商品的作用，如图 6-7 所示。

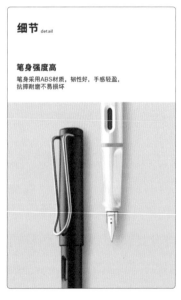
图 6-6

图 6-7

在设计商品信息模块时需要将大量的数据归类整理,以图表的形式展现出来,方便消费者直观地了解商品信息。

6 其他模块设计基础知识

质量保证、品牌实力和快递售后等其他模块通常位于详情页的底部,这些模块都在不同程度上促使消费者产生购买行为。

质量保证模块常用来展示商品的相关证书,起到承诺产品质量、增强消费者信任感的作用。品牌实力模块常用于展示所在店铺的相关品牌故事,起到营造品牌气氛、加深消费者印象的作用。快递售后模块有时也被称为买家须知,包括快递服务、退换流程、售后承诺等相关内容,起到提升消费者购物体验、提高消费者满意度的作用,如图6-8所示。

由于已接近整个页面的尾部,消费者观看此模块的内容时多少会产生疲惫感,因此在设计时一定要突出重点,以简洁、醒目为主,否则容易使消费者产生不耐烦的情绪。

（a）质量保证证书　　　　　　　　　（b）售后服务条款

图6-8

任务 6.1　设计 PC 端中秋美食详情页

微课

设计PC端中秋美食详情页1

微课

设计PC端中秋美食详情页2

6.1.1　任务引入

本任务要求读者首先了解"添加图层样式"菜单和"创建新的填充或调整图层"菜单;然后通过设计 PC 端中秋美食详情页,掌握 PC 端详情页的设计要点与制作方法。

6.1.2　设计理念

在设计过程中,围绕主体月饼进行创作。详情页的背景为纯色,和月饼图片形成对比。

色彩选取棕红色、浅棕色和米色，营造淡雅的氛围。字体选用江西拙楷、方正清刻本悦宋简体和 OPPO Sans，起到了呼应主题的作用。图标采用了与物流相关的线性图标，呈现出简约精致的特点。整体设计充满特色，契合主题。最终效果如图 6-9 所示，文件为"云盘 /Ch06/任务 6.1 设计 PC 端中秋美食详情页 / 工程文件"。

（a）

（b）

（c）

图 6-9

6.1.3 任务知识："添加图层样式"菜单、"创建新的填充或调整图层"菜单

"添加图层样式"菜单和"创建新的填充或调整图层"菜单如图 6-10 所示。

图 6-10

6.1.4　任务实施

（1）按 Ctrl+N 组合键，弹出"新建文档"对话框，设置宽度为 790 像素，高度为 11150 像素，分辨率为 72 像素 / 英寸（1 英寸≈2.54 厘米），颜色模式为 RGB，背景内容为白色，如图 6-11 所示，单击"创建"按钮，新建一个文件。

图 6-11

（2）选择"矩形"工具 □，在属性栏的"选择工具模式"下拉列表中选择"形状"选项，将填充颜色设置为黑色，描边颜色设置为无。在图像窗口中适当的位置绘制一个矩形，在"图层"面板中生成新的形状图层"矩形 1"。选择"窗口 > 属性"命令，弹出"属性"面板，在面板中进行设置，如图 6-12 所示，效果如图 6-13 所示。

图 6-12　　　　　　　　　　　　　　　　　　　图 6-13

（3）按 Ctrl+R 组合键，显示标尺。选择"视图 > 对齐到 > 全部"命令。将鼠标指针移动到图像窗口左侧的标尺上，按住鼠标左键水平向右拖曳，在矩形左侧锚点的位置松开鼠标，完成参考线的创建，效果如图 6-14 所示。使用相同的方法，在矩形右侧锚点的位置创建一条参考线，效果如图 6-15 所示。

图 6-14   图 6-15

（4）按 Ctrl+T 组合键，在矩形周围出现变换框，如图 6-16 所示。将鼠标指针移动到图像窗口左侧的标尺上，按住鼠标左键水平向右拖曳，在矩形中心点的位置松开鼠标，完成参考线的创建，效果如图 6-17 所示。按 Enter 键确定操作，在"图层"面板中选中"矩形 1"图层，按 Delete 键将其删除。

图 6-16   图 6-17

（5）选择"视图 > 新建参考线"命令，弹出"新建参考线"对话框，在 950 像素的位置创建一条水平参考线，设置如图 6-18 所示，单击"确定"按钮，完成参考线的创建。

（6）选择"矩形"工具 ⬚，在属性栏中将填充颜色设置为棕红色（130、51、49），描边颜色设置为无，在图像窗口中绘制一个矩形，如图 6-19 所示，在"图层"面板中生成新的形状图层"矩形 1"。

图 6-18

图 6-19

（7）按 Ctrl+J 组合键复制图层，在"图层"面板中生成新的形状图层"矩形 1 拷贝"，将图层的混合模式设置为"明度"，如图 6-20 所示，效果如图 6-21 所示。

（8）选择"滤镜 > 渲染 > 分层云彩"命令，效果如图 6-22 所示。选择"滤镜 > 模糊 > 高斯模糊"命令，在弹出的对话框中进行设置，如图 6-23 所示，单击"确定"按钮，效果如图 6-24 所示。

图 6-20

图 6-21

图 6-22

（9）选择"文件 > 置入嵌入对象"命令，弹出"置入嵌入的对象"对话框，分别选择云盘中的"Ch06 > 任务6.1设计PC端中秋美食详情页 > 素材 > 01 ~ 03"文件，单击"置入"按钮，将图像置入图像窗口中。分别将"01""02""03"图像拖曳到适当的位置，按Enter键确定操作，效果如图6-25所示，在"图层"面板中生成新的图层，分别将它们重命名为"树枝""产品""云图案"。

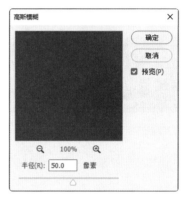

图6-23   图6-24   图6-25

（10）选择"横排文字"工具 T，在适当的位置输入需要的文字并选取文字。选择"窗口 > 字符"命令，打开"字符"面板，将颜色设置为白色，并设置合适的字体和大小，效果如图6-26所示，在"图层"面板中生成新的文字图层。

（11）单击"图层"面板下方的"添加图层样式"按钮 fx，在弹出的菜单中选择"渐变叠加"命令，弹出对话框。单击"渐变"下拉列表框 ，弹出"渐变编辑器"对话框，在"位置"选项中分别输入0、50、100 3个位置点，分别设置3个位置点的颜色为土黄色（227、186、138）、浅黄色（238、219、182）、土黄色（227、186、138），如图6-27所示，单击"确定"按钮。返回"图层样式"对话框，其他选项的设置如图6-28所示，单击"确定"按钮，效果如图6-29所示。

图6-26   图6-27

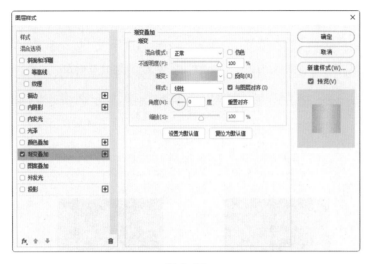

图 6-28　　　　　　　　　　　　　　　　　　图 6-29

（12）使用相同的方法输入文字并添加渐变效果，如图 6-30 所示，在"图层"面板中生成新的文字图层。

（13）选择"圆角矩形"工具 ▢.，在属性栏中将填充颜色设置为白色，描边颜色设置为无，半径均设置为 10 像素，在图像窗口中绘制一个圆角矩形，如图 6-31 所示，在"图层"面板中生成新的形状图层"圆角矩形 1"。

图 6-30　　　　　　　　　　　　　　　　　　图 6-31

（14）单击"路径操作"按钮 ▢，在弹出的菜单中选择"合并形状"命令，在适当的位置绘制一个圆角矩形。在"属性"面板中，设置半径均为 6 像素，效果如图 6-32 所示。选择"路径选择"工具 ▶.，选中图形，按住 Alt+Shift 组合键水平向右拖曳图形到适当的位置，复制图形，如图 6-33 所示。

图 6-32　　　　　　　　　　　　　　　　　　图 6-33

（15）使用上述方法为图形添加渐变效果，如图 6-34 所示。按 Ctrl+J 组合键复制图形，并删除图层样式，在"图层"面板中生成新的形状图层"圆角矩形 1 拷贝"。按 Ctrl+T 组合键，图形周围出现变换框，拖曳右上角的控制手柄等比例缩小图形，按 Enter 键确定操作。在属性栏中将填充颜色设置为无，描边颜色设置为棕红色（137、51、47），描边粗细设置为 1 像素，效果如图 6-35 所示。

图 6-34　　　　　　　　　　　　　　　　　　图 6-35

（16）选择"横排文字"工具 **T.**，在适当的位置输入需要的文字并选取文字。在"字符"面板中将颜色设置为棕红色（137、51、47），并设置合适的字体和大小，如图6-36所示，在"图层"面板中生成新的文字图层。按住Shift键单击"矩形1"图层，同时选取需要的图层。按Ctrl+G组合键，为图层编组并将其重命名为"商品焦点"。

（17）选择"视图>新建参考线"命令，弹出"新建参考线"对话框，在1890像素的位置创建一条水平参考线，设置如图6-37所示，单击"确定"按钮，完成参考线的创建。

（18）选择"矩形"工具 **□.**，在属性栏中将填充颜色设置为米色（234、218、190），描边颜色设置为无，在图像窗口中绘制一个矩形，如图6-38所示，在"图层"面板中生成新的形状图层"矩形2"。

図6-36　　　　　　図6-37　　　　　　図6-38

（19）选择"横排文字"工具 **T.**，在适当的位置分别输入需要的文字并选取文字。在"字符"面板中将颜色设置为棕红色（137、51、47），并设置合适的字体和大小，效果如图6-39所示，在"图层"面板中生成新的文字图层。

（20）使用上述方法绘制形状，效果如图6-40所示，在"图层"面板中生成新的形状图层"圆角矩形2"。选择"文件>置入嵌入对象"命令，弹出"置入嵌入的对象"对话框，选择云盘中的"Ch06>任务6.1设计PC端中秋美食详情页>素材>04"文件，单击"置入"按钮，将图像置入图像窗口中。将"04"图像拖曳到适当的位置，按Enter键确定操作，效果如图6-41所示，在"图层"面板中生成新的图层，将其重命名为"月饼"。

（21）单击"图层"面板下方的"创建新图层"按钮 **▫**，生成新的图层并将其重命名为"阴影1"。选择"椭圆"工具 **○.**，在属性栏的"选择工具模式"下拉列表中选择"像素"选项，将前景色设置为淡棕色（210、198、183），按住Shift键在图像窗口中绘制一个圆形，如图6-42所示。

図6-39　　　　　図6-40　　　　　図6-41　　　　　図6-42

（22）单击"图层"面板下方的"添加图层样式"按钮 fx.，在弹出的菜单中选择"渐变叠加"命令，弹出对话框。单击"渐变"下拉列表框 ，弹出"渐变编辑器"对话框，在"位置"选项中分别输入 0、100 两个位置点，分别设置两个位置点的颜色为浅粉色（236、229、217）、浅棕色（178、165、149），如图 6-43 所示，单击"确定"按钮。返回"图层样式"对话框，其他选项的设置如图 6-44 所示，单击"确定"按钮，效果如图 6-45 所示。

图 6-43

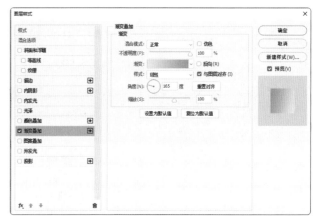

图 6-44

（23）选择"滤镜 > 模糊 > 高斯模糊"命令，在弹出的对话框中进行设置，如图 6-46 所示，单击"确定"按钮，效果如图 6-47 所示。在"图层"面板中，将"阴影 1"图层拖曳到"月饼"图层的下方，效果如图 6-48 所示。

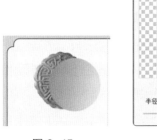
图 6-45

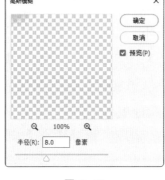
图 6-46

图 6-47

图 6-48

（24）选择"横排文字"工具 T.，在适当的位置输入需要的文字并选取文字。在"字符"面板中，将颜色设置为棕红色（137、51、47），并设置合适的字体和大小，效果如图 6-49 所示，在"图层"面板中生成新的文字图层。

（25）使用上述方法制作出图 6-50 所示的效果，在"图层"面板中分别生成新的图层。按住 Shift 键单击"矩形 2"图层，同时选取需要的图层。按 Ctrl+G 组合键，为图层编组并将其重命名为"多种口味"。

（26）选择"视图 > 新建参考线"命令，弹出"新

图 6-49

图 6-50

建参考线"对话框,在2966像素的位置创建一条水平参考线,设置如图6-51所示,单击"确定"按钮,完成参考线的创建。

(27)选择"矩形"工具□,在属性栏中将填充颜色设置为中灰色(150、150、150),描边颜色设置为无,在图像窗口中绘制一个矩形,如图6-52所示,在"图层"面板中生成新的形状图层"矩形3"。

(28)选择"文件 > 置入嵌入对象"命令,弹出"置入嵌入的对象"对话框,选择云盘中的"Ch06 > 任务6.1 设计PC端中秋美食详情页 > 素材 > 05"文件,单击"置入"按钮,将图像置入图像窗口中。将"05"图像拖曳到适当的位置,按Enter键确定操作,在"图层"面板中生成新的图层,将其重命名为"月饼图"。按Alt+Ctrl+G组合键,为图层创建剪贴蒙版,效果如图6-53所示。

图6-51   图6-52   图6-53

(29)单击"图层"面板下方的"创建新的填充或调整图层"按钮●,在弹出的菜单中选择"色相/饱和度"命令,在"图层"面板中生成"色相/饱和度1"调整图层,同时弹出色相/饱和度"属性"面板。单击"此调整影响下面的所有图层"按钮⊡,使其显示为"此调整剪切到此图层"按钮⊡,其他选项的设置如图6-54所示,按Enter键确定操作。

(30)单击"图层"面板下方的"创建新的填充或调整图层"按钮●,在弹出的菜单中选择"照片滤镜"命令,在"图层"面板中生成"照片滤镜1"调整图层,同时弹出照片滤镜"属性"面板。单击"此调整影响下面的所有图层"按钮⊡,使其显示为"此调整剪切到此图层"按钮⊡,其他选项的设置如图6-55所示,按Enter键确定操作,效果如图6-56所示。使用上述的方法输入文字,在"字符"面板中设置文字的填充颜色为白色,并设置合适的字体和大小,效果如图6-57所示,在"图层"面板中生成新的文字图层。

图6-54   图6-55   图6-56   图6-57

（31）选择"椭圆"工具 ⊙，在属性栏中将填充颜色设置为深绿色（31、78、69），描边颜色设置为淡黄色（249、244、234），描边粗细设置为 2 像素，在图像窗口中绘制一个椭圆形，如图 6-58 所示，在"图层"面板中生成新的形状图层"椭圆 1"。单击"路径操作"按钮 ▣，在弹出的菜单中选择"合并形状"命令，在适当的位置绘制一个椭圆形，如图 6-59 所示。

（32）使用上述方法输入文字，在"字符"面板中设置文字的填充颜色为淡黄色（249、244、234），并设置合适的字体和大小，效果如图 6-60 所示。使用相同的方法制作出图 6-61 所示的效果，在"图层"面板中分别生成新的图层。按住 Shift 键单击"矩形 3"图层，同时选取需要的图层。按 Ctrl+G 组合键，为图层编组并将其重命名为"卖点提炼"。

图 6-58　　　　　图 6-59　　　　　图 6-60　　　　　　图 6-61

（33）选择"视图 > 新建参考线"命令，弹出"新建参考线"对话框，在 4100 像素的位置创建一条水平参考线，设置如图 6-62 所示，单击"确定"按钮，完成参考线的创建。

（34）选择"矩形"工具 ▢，在属性栏中将填充颜色设置为米色（234、218、190），描边颜色设置为无，在图像窗口中绘制一个矩形，如图 6-63 所示，在"图层"面板中生成新的形状图层"矩形 4"。

（35）选择"横排文字"工具 T，在适当的位置分别输入需要的文字并选取文字。在"字符"面板中分别将颜色设置为棕红色（137、51、47）和棕色（147、111、78），并设置合适的字体和大小，效果如图 6-64 所示，在"图层"面板中分别生成新的文字图层。

（36）选择"文件 > 置入嵌入对象"命令，弹出"置入嵌入的对象"对话框，选择云盘中的"Ch06 > 任务 6.1 设计 PC 端中秋美食详情页 > 素材 > 06"文件，单击"置入"按钮，将图像置入图像窗口中。将"06"图像拖曳到适当的位置，按 Enter 键确定操作，效果如图 6-65 所示，在"图层"面板中生成新的图层，将其重命名为"分割线"。

图 6-62　　　　　图 6-63　　　　　图 6-64　　　　　图 6-65

（37）使用上述方法绘制形状并置入图像，制作出图 6-66 所示的效果，在"图层"面板中分别生成新的图层。按住 Shift 键单击"矩形 4"图层，同时选取需要的图层。按 Ctrl+G 组合键，为图层编组并将其重命名为"百年技艺"。

（38）选择"视图 > 新建参考线"命令，弹出"新建参考线"对话框，在 5316 像素的位置创建一条水平参考线，设置如图 6-67 所示，单击"确定"按钮，完成参考线的创建。

（39）选择"矩形"工具 □.，在属性栏中将填充颜色设置为棕红色（130、51、49），描边颜色设置为无，在图像窗口中绘制一个矩形，如图 6-68 所示，在"图层"面板中生成新的形状图层"矩形 5"。使用上述方法分别输入文字并置入图像，制作出图 6-69 所示的效果，在"图层"面板中分别生成新的图层。

图 6-66　　　　　　　图 6-67　　　　　　　图 6-68　　　　　　　图 6-69

（40）使用上述方法绘制形状，效果如图 6-70 所示，在"图层"面板中生成新的形状图层"圆角矩形 4"。选择"文件 > 置入嵌入对象"命令，弹出"置入嵌入的对象"对话框，选择云盘中的"Ch06 > 任务 6.1 设计 PC 端中秋美食详情页 > 素材 > 08"文件，单击"置入"按钮，将图像置入图像窗口中。将"08"图像拖曳到适当的位置，按 Enter 键确定操作，在"图层"面板中生成新的图层，将其重命名为"和皮调馅"，按 Alt+Ctrl+G 组合键，为图层创建剪贴蒙版，效果如图 6-71 所示。

（41）选择"椭圆"工具 ○.，在属性栏中将填充颜色设置为深绿色（31、78、69），描边颜色设置为无，按住 Shift 键在图像窗口中绘制一个圆形，在"图层"面板中生成新的形状图层"椭圆 2"。按 Alt+Ctrl+G 组合键，为图层创建剪贴蒙版，效果如图 6-72 所示。

（42）使用上述方法绘制形状并输入文字，制作出图 6-73 所示的效果，在"图层"面板中分别生成新的图层。按住 Shift 键单击"圆角矩形 4"图层，同时选取需要的图层。按 Ctrl+G 组合键，为图层编组并将其重命名为"01"。

（43）使用上述方法制作出图 6-74 所示的效果，在"图层"面板中分别生成新的图层组，将其命名为"02""03""04""05""06"。按住 Shift 键单击"矩形 5"图层，同时选取需要的图层。按 Ctrl+G 组合键，为图层编组并将其重命名为"新潮传统"。

图 6-70　　　　图 6-71　　　　图 6-72　　　　图 6-73　　　　图 6-74

（44）使用上述方法分别在适当的位置新建参考线，并制作出图 6-75、图 6-76 和图 6-77 所示的效果，在"图层"面板中分别生成新的图层组，将它们重命名为"食月知秋"和"馈赠佳选"，如图 6-78 所示。

图 6-75　　　　图 6-76　　　　图 6-77　　　　图 6-78

（45）选择"视图 > 新建参考线"命令，弹出"新建参考线"对话框，在 10498 像素的位置创建一条水平参考线，设置如图 6-79 所示，单击"确定"按钮，完成参考线的创建。使用上述方法分别在适当的位置输入文字、绘制形状并置入"18"素材文件，效果如图 6-80 所示，在"图层"面板中分别生成新的图层。

（46）选择"直线"工具，在属性栏中将填充颜色设置为无，描边颜色设置为棕黄色（147、111、78），描边粗细设置为 2 像素。按住 Shift 键在适当的位置绘制一条直线，如图 6-81 所示。使用相同的方法再次绘制一条直线，效果如图 6-82 所示，在"图层"面板中生成新的形状图层"形状 1"和"形状 2"。使用相同的方法分别绘制其他直线，效果如图 6-83 所示，在"图层"面板中分别生成新的形状图层。

图 6-79　　　　图 6-80　　　　图 6-81　　　　图 6-82　　　　图 6-83

（47）选择"横排文字"工具 T.，在适当的位置分别输入需要的文字并选取文字。在"字符"面板中将颜色设置为棕黄色（147、111、78），并设置合适的字体和大小，效果如图 6-84 所示，在"图层"面板中分别生成新的文字图层。

（48）选择"直线"工具 ╱.，在属性栏中将填充颜色设置为无，描边颜色设置为淡棕色（218、204、187），描边粗细设置为 2 像素，单击"设置形状描边类型"选项右侧的下拉按钮 ，在弹出的下拉列表中选择一个虚线选项，如图 6-85 所示。按住 Shift 键在适当的位置绘制一条虚线，如图 6-86 所示，在"图层"面板中生成新的形状图层"形状 3"。使用相同的方法分别绘制其他虚线，效果如图 6-87 所示，在"图层"面板中分别生成新的形状图层。

（49）按住 Shift 键单击"矩形 9"图层，同时选取需要的图层。按 Ctrl+G 组合键，为图层编组并将其重命名为"产品信息"。

图 6-84　　　　　图 6-85　　　　　图 6-86　　　　　图 6-87

（50）选择"矩形"工具 □.，在属性栏中将填充颜色设置为棕红色（130、51、49），描边颜色设置为无，在图像窗口中绘制一个矩形，如图 6-88 所示，在"图层"面板中生成新的形状图层"矩形 10"。使用上述方法分别输入文字并置入图像，制作出图 6-89 所示的效果，在"图层"面板中分别生成新的图层。

（51）选择"文件 > 置入嵌入对象"命令，弹出"置入嵌入的对象"对话框，选择云盘中的"Ch06 > 任务 6.1 设计 PC 端中秋美食详情页 > 素材 >23"文件，单击"置入"按钮，将图像置入图像窗口中。将"23"图像拖曳到适当的位置，按 Enter 键确定操作，如图 6-90 所示，在"图层"面板中生成新的图层，将其重命名为"配送车"。

（52）选择"横排文字"工具 T.，在适当的位置分别输入需要的文字并选取文字。在"字符"面板中将颜色设置为白色，并设置合适的字体和大小，效果如图 6-91 所示，在"图层"面板中生成新的文字图层。

图 6-88　　　　　图 6-89　　　　　图 6-90　　　　　图 6-91

（53）使用上述方法分别在适当的位置置入图标并输入文字，效果如图 6-92 所示，在"图层"面板中分别生成新的图层。按住 Shift 键单击"配送车"图层，同时选取需要的图层。按 Ctrl+G 组合键，为图层编组并将其重命名为"图标"。按住 Shift 键单击"矩形 10"图层，同时选取需要的图层。按 Ctrl+G 组合键，为图层编组并将其重命名为"快递说明"。

（54）选择"文件 > 导出 > 存储为 Web 所用格式（旧版）"命令，在弹出的对话框中进行设置，如图 6-93 所示，单击"存储"按钮，导出效果图。至此，PC 端中秋美食详情页制作完成。

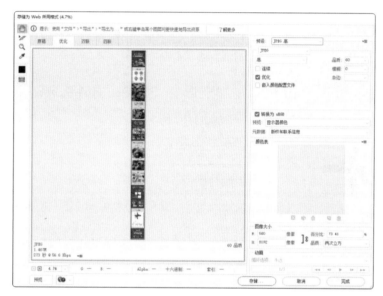

图 6-92　　　　　　　　　　　　　　　　图 6-93

任务 6.2　设计 PC 端餐具详情页

微课

设计 PC 端餐具详情页 1

微课

设计 PC 端餐具详情页 2

6.2.1　任务引入

本任务要求读者首先了解"添加图层蒙版"命令；然后通过设计 PC 端餐具详情页，掌握 PC 端详情页的设计要点与制作方法。

6.2.2　设计理念

在设计过程中，围绕主体物餐具进行创作。详情页的背景为纯色，和餐具图片形成对比。色彩选取深蓝色和浅灰色，分别体现通透和干净。字体选用方正清刻本悦宋简体和思源黑体，起到呼应主题的作用。图标采用与餐具相关的线性图标，呈现出简约精致的特点。整体设计充满特色，契合主题。最终效果如图 6-94 所示，文件为"云盘 /Ch06/ 任务 6.2 设计 PC 端餐具详情页 / 工程文件"。

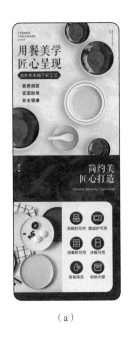  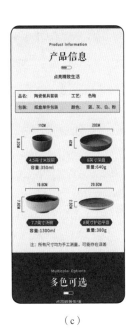

（a）　　　　　　　（b）　　　　　　　（c）

图6-94

6.2.3　任务知识："钢笔"工具、"添加图层蒙版"命令

利用"添加图层蒙版"命令为图层添加图层蒙版后的面板效果如图6-95所示。

图6-95

6.2.4　任务实施

（1）按Ctrl+N组合键，弹出"新建文档"对话框，设置宽度为790像素，高度为10104像素，分辨率为72像素/英寸，颜色模式为RGB，背景内容为白色，如图6-96所示，单击"创建"按钮，新建一个文件。

（2）选择"矩形"工具 ，在属性栏的"选择工具模式"下拉列表中选择"形状"选项，将填充颜色设置为黑色，描边颜色设置为无。在图像窗口中适当的位置绘制一个矩形，在"图层"面板中生成新的形状图层"矩形1"。选择"窗口 > 属性"命令，弹出"属性"面板，在面板中进行设置，如图 6-97 所示，效果如图 6-98 所示。

图 6-96

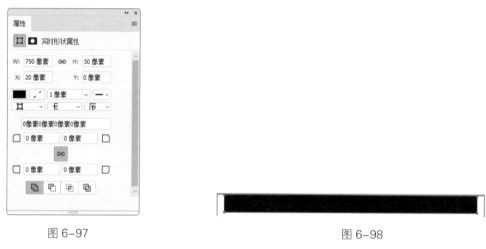

图 6-97　　　　　　　　　　　　　　　　　　　　图 6-98

（3）按 Ctrl+R 组合键，显示标尺。选择"视图 > 对齐到 > 全部"命令。将鼠标指针移动到图像窗口左侧的标尺上，按住鼠标左键水平向右拖曳，在矩形左侧锚点的位置松开鼠标，完成参考线的创建，效果如图 6-99 所示。使用相同的方法，在矩形右侧锚点的位置创建一条参考线，效果如图 6-100 所示。

图 6-99　　　　　　　　　　　　　　　　　图 6-100

（4）按 Ctrl+T 组合键，在矩形周围出现变换框，如图 6-101 所示。将鼠标指针移动到图像窗口左侧的标尺上，按住鼠标左键水平向右拖曳，在矩形中心点的位置松开鼠标，完成参考线的创建，效果如图 6-102 所示。按 Enter 键确定操作，在"图层"面板中选中"矩形 1"图层，按 Delete 键将其删除。

图 6-101   图 6-102

（5）选择"视图 > 新建参考线"命令，弹出"新建参考线"对话框，在 950 像素的位置创建一条水平参考线，设置如图 6-103 所示，单击"确定"按钮，完成参考线的创建。

（6）选择"文件 > 置入嵌入对象"命令，弹出"置入嵌入的对象"对话框，分别选择云盘中的"Ch06 > 任务 6.2 设计 PC 端餐具详情页 > 素材 > 01、02"文件，单击"置入"按钮，将图像置入图像窗口中。分别将"01"和"02"图像拖曳到适当的位置，按 Enter 键确定操作，效果如图 6-104 所示，在"图层"面板中生成新的图层，分别将它们重命名为"底纹"和"餐具"，如图 6-105 所示。

图 6-103   图 6-104   图 6-105

（7）单击"图层"面板下方的"添加图层样式"按钮 fx，在弹出的菜单中选择"投影"命令，弹出"图层样式"对话框，设置投影颜色为中灰色（163、166、168），其他选项的设置如图 6-106 所示，单击"确定"按钮，效果如图 6-107 所示。

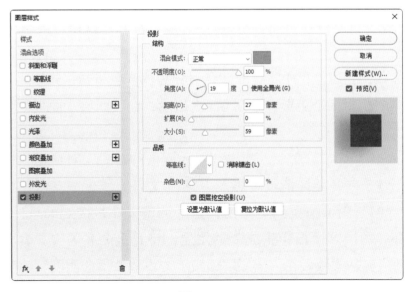

图 6-106   图 6-107

（8）选择"横排文字"工具 **T**，在适当的位置分别输入需要的文字并选取文字。选择"窗口 > 字符"命令，打开"字符"面板，将颜色设置为深蓝色（28、51、93），并设置合适的字体和大小，效果如图 6-108 所示，在"图层"面板中分别生成新的文字图层。

（9）选择"直线"工具 **/**，在属性栏中将填充颜色设置为无，描边颜色设置为深蓝色（28、51、93），描边粗细设置为 2 像素。按住 Shift 键在适当的位置绘制一条直线，如图 6-109 所示，在"图层"面板中生成新的形状图层"形状 1"。

（10）选择"文件 > 置入嵌入对象"命令，弹出"置入嵌入的对象"对话框，选择云盘中的"Ch06 > 任务 6.2 设计 PC 端餐具详情页 > 素材 > 03"文件，单击"置入"按钮，将图像置入图像窗口中。将"03"图像拖曳到适当的位置，按 Enter 键确定操作，效果如图 6-110 所示，在"图层"面板中生成新的图层，将其重命名为"边框"。

（11）使用上述方法分别输入文字，制作出图 6-111 所示的效果，在"图层"面板中分别生成新的文字图层。按住 Shift 键单击"底纹"图层，同时选取需要的图层。按 Ctrl+G 组合键，为图层编组并将其重命名为"商品焦点"。

图 6-108　　　　图 6-109　　　　图 6-110　　　　图 6-111

（12）选择"视图 > 新建参考线"命令，弹出"新建参考线"对话框，在 2006 像素的位置创建一条水平参考线，设置如图 6-112 所示，单击"确定"按钮，完成参考线的创建。

（13）选择"矩形"工具 **□**，在属性栏中将填充颜色设置为深蓝色（28、51、93），描边颜色设置为无，在图像窗口中绘制一个矩形，如图 6-113 所示，在"图层"面板中生成新的形状图层"矩形 1"。

（14）选择"文件 > 置入嵌入对象"命令，弹出"置入嵌入的对象"对话框，选择云盘中的"Ch06 > 任务 6.2 设计 PC 端餐具详情页 > 素材 > 04"文件，单击"置入"按钮，将图像置入图像窗口中。将"04"图像拖曳到适当的位置并调整大小，按 Enter 键确定操作，效果如图 6-114 所示，在"图层"面板中生成新的图层，将其重命名为"美食"。按 Alt+Ctrl+G 组合键，为图层创建剪贴蒙版。在"图层"面板上方设置"不透明度"为 15%，效果如图 6-115 所示。

图 6-112　　　　　　　　图 6-113　　　　　　　　图 6-114　　　　　　　　图 6-115

（15）选择"横排文字"工具 T.，在适当的位置分别输入需要的文字并选取文字。在"字符"面板中将颜色设置为白色，并设置合适的字体和大小，效果如图 6-116 所示，在"图层"面板中分别生成新的文字图层。

（16）选择"椭圆"工具 ○.，在属性栏中将填充颜色设置为淡灰色（238、238、238），描边颜色设置为无，按住 Shift 键在图像窗口中绘制一个圆形，如图 6-117 所示，在"图层"面板中生成新的形状图层"椭圆 1"。

（17）选择"移动"工具 ⊕.，按住 Alt+Shift 组合键垂直向下拖曳图形到适当的位置，复制圆形，如图 6-118 所示，在"图层"面板中生成新的形状图层"椭圆 1 拷贝"。选择"椭圆"工具 ○.，在属性栏中将填充颜色设置为无，描边颜色设置为淡灰色（238、238、238），描边粗细设置为 2 像素，效果如图 6-119 所示。使用相同的方法再次复制一个圆形，效果如图 6-120 所示，在"图层"面板中生成新的形状图层"椭圆 1 拷贝 2"。

（18）选择"矩形"工具 □.，在图像窗口中绘制一个矩形，如图 6-121 所示，在"图层"面板中生成新的形状图层"矩形 2"。

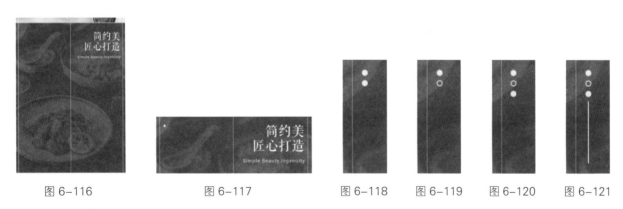

图 6-116　　　　　　　　图 6-117　　　　图 6-118　　图 6-119　　图 6-120　　图 6-121

（19）单击"图层"面板下方的"添加图层样式"按钮 fx.，在弹出的菜单中选择"渐变叠加"命令，弹出对话框。单击"渐变"下拉列表框 ，弹出"渐变编辑器"对话框，在"位置"选项中分别输入 0、100 两个位置点，分别设置两个位置点的颜色为深蓝色（28、51、93）、白色（238、238、238），如图 6-122 所示，其他选项的设置如图 6-123 所示，单击"确定"按钮，效果如图 6-124 所示。

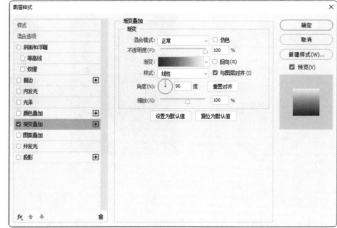

图 6-122   图 6-123

（20）选择"圆角矩形"工具 ▢，在属性栏中将半径均设置为 50 像素，在图像窗口中绘制一个圆角矩形，在"图层"面板中生成新的形状图层"圆角矩形 1"。在"属性"面板中进行设置，如图 6-125 所示，效果如图 6-126 所示。

图 6-124

（21）选择"矩形"工具 ▢，在图像窗口中绘制一个矩形，在"图层"面板中生成新的形状图层"矩形 3"。在属性栏中将填充颜色设置为深蓝色（28、51、93），效果如图 6-127 所示。

图 6-125

图 6-126

图 6-127

（22）选择"文件 > 置入嵌入对象"命令，弹出"置入嵌入的对象"对话框，选择云盘中的"Ch06 > 任务 6.2 设计 PC 端餐具详情页 > 素材 > 05"文件，单击"置入"按钮，将图像置入图像窗口中。将"05"图像拖曳到适当的位置并调整大小，按 Enter 键确定操作，在"图层"面板中生成新的图层，将其重命名为"餐具 2"。按 Alt+Ctrl+G 组合键，为图层创建剪贴蒙版，效果如图 6-128 所示。

（23）选择"椭圆"工具 ◯，在属性栏中将填充颜色设置为深蓝色（28、51、93），描边颜色设置为无，按住 Shift 键在图像窗口中绘制一个圆形，如图 6-129 所示，在"图层"

面板中生成新的形状图层"椭圆2"。

图 6-128

图 6-129

（24）单击"图层"面板下方的"添加图层样式"按钮 *fx*，在弹出的菜单中选择"斜面和浮雕"命令，弹出"图层样式"对话框，选项的设置如图 6-130 所示。切换到"纹理"选项卡中，单击"图案"选项右侧的下拉按钮，在弹出的下拉列表中单击右上方的 按钮，在弹出的菜单中选择"艺术表面"命令，弹出图 6-131 所示的对话框，单击"追加"按钮，追加图案。选择需要的图案，如图 6-132 所示。切换到"内发光"选项卡中，设置内发光颜色为白色，其他选项的设置如图 6-133 所示，单击"确定"按钮，效果如图 6-134 所示。

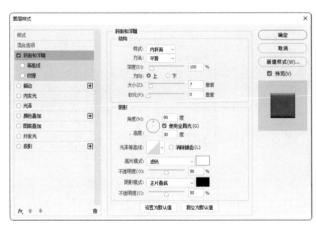

图 6-130

图 6-131

（25）选择"文件 > 置入嵌入对象"命令，弹出"置入嵌入的对象"对话框，选择云盘中的"Ch06 > 任务 6.2 设计 PC 端餐具详情页 > 素材 > 06"文件，单击"置入"按钮，将图像置入图像窗口中。将"06"图像拖曳到适当的位置，按 Enter 键确定操作，效果如图 6-135 所示，在"图层"面板中生成新的图层，将其重命名为"洗碗机"。

（26）选择"横排文字"工具 *T.*，在适当的位置输入需要的文字并选取文字。在"字符"面板中将颜色设置为深蓝色（28、51、93），并设置合适的字体和大小，效果如图 6-136 所示，在"图层"面板中生成新的文字图层。使用相同的方法制作出图 6-137 所示的效果，在"图层"面板中分别生成新的图层。

（27）按住 Shift 键单击"椭圆 2"图层，同时选取需要的图层。按 Ctrl+G 组合键，为图层编组并将其重命名为"图标"。按住 Shift 键单击"矩形 1"图层，同时选取需要的图层。按 Ctrl+G 组合键，为图层编组并将其重命名为"卖点提炼"。

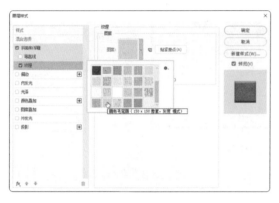

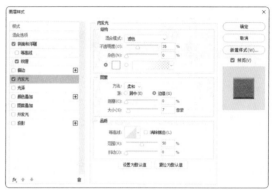

图 6-132　　　　　　　　　　　　　图 6-133　　　　　　　　　　图 6-135

图 6-134

（28）选择"视图 > 新建参考线"命令，弹出"新建参考线"对话框，在 3206 像素的位置创建一条水平参考线，设置如图 6-138 所示，单击"确定"按钮，完成参考线的创建。

图 6-136　　　　　　　图 6-137　　　　　　　图 6-138

（29）选择"矩形"工具，在属性栏中将填充颜色设置为淡灰色（238、238、238），描边颜色设置为无，在图像窗口中绘制一个矩形，如图 6-139 所示，在"图层"面板中生成新的形状图层"矩形 4"。

（30）选择"文件 > 置入嵌入对象"命令，弹出"置入嵌入的对象"对话框，选择云盘中的"Ch06 > 任务 6.2 设计 PC 端餐具详情页 > 素材 >12"文件，单击"置入"按钮，将图像置入图像窗口中。将"12"图像拖曳到适当的位置并调整大小，按 Enter 键确定操作，在"图层"面板中生成新的图层，将其重命名为"美食 2"。按 Alt+Ctrl+G 组合键，为图层创建剪贴蒙版，效果如图 6-140 所示。

（31）单击"图层"面板下方的"添加图层蒙版"按钮，为图层添加蒙版。选择"渐变"工具，单击属性栏中的"渐变"下拉列表框，弹出"渐变编辑器"对话框，将渐变色设置为黑色到白色。在图像窗口中从上到下拖曳鼠标指针，填充渐变色，效果如图 6-141 所示。

（32）使用上述方法分别输入文字并绘制图形，制作出图 6-142 所示的效果，在"图层"面板中分别生成新的图层。按住 Shift 键单击"矩形 4"图层，同时选取需要的图层。按 Ctrl+G 组合键，为图层编组并将其重命名为"商品外观"。

图 6-139

图 6-140

图 6-141

图 6-142

（33）选择"视图 > 新建参考线"命令，弹出"新建参考线"对话框，在 4570 像素的位置创建一条水平参考线，设置如图 6-143 所示，单击"确定"按钮，完成参考线的创建。

（34）选择"矩形"工具 ▢，在属性栏中将填充颜色设置为深蓝色（28、51、93），描边颜色设置为无，在图像窗口中绘制一个矩形，如图 6-144 所示，在"图层"面板中生成新的形状图层"矩形 5"。使用上述方法分别输入文字并绘制图形，制作出图 6-145 所示的效果，在"图层"面板中分别生成新的图层。

（35）选择"圆角矩形"工具 ▢，在属性栏中将半径均设置为 30 像素，在图像窗口中绘制一个圆角矩形，在属性栏中将填充颜色设置为淡灰色（238、238、238），如图 6-146 所示，在"图层"面板中生成新的形状图层"圆角矩形 4"。

（36）选择"文件 > 置入嵌入对象"命令，弹出"置入嵌入的对象"对话框，选择云盘中的"Ch06 > 任务 6.2 设计 PC 端餐具详情页 > 素材 >13"文件，单击"置入"按钮，将图像置入图像窗口中。将"13"图像拖曳到适当的位置并调整大小，按 Enter 键确定操作，在"图层"面板中生成新的图层，将其重命名为"餐具 3"。按 Alt+Ctrl+G 组合键，为图层创建剪贴蒙版，效果如图 6-147 所示。按住 Shift 键单击"矩形 5"图层，同时选取需要的图层。按 Ctrl+G 组合键，为图层编组并将其重命名为"商品用材"。

图 6-143

图 6-144

图 6-145

图 6-146

图 6-147

（37）选择"视图 > 新建参考线"命令，弹出"新建参考线"对话框，在 6070 像素的位置创建一条水平参考线，设置如图 6-148 所示，单击"确定"按钮，完成参考线的创建。

（38）选择"矩形"工具 ▢，在属性栏中将填充颜色设置为淡灰色（238、238、238），描边颜色设置为无，在图像窗口中绘制一个矩形，如图 6-149 所示，在"图层"面板中生成新的形状图层"矩形 6"。使用上述方法分别输入文字并绘制图形，制作出图 6-150 所示的效果，在"图层"面板中分别生成新的图层。

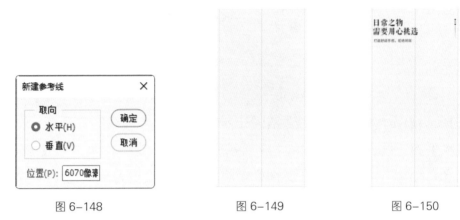

图 6-148　　　　　　　　　　图 6-149　　　　　　　　　　图 6-150

（39）选择"矩形"工具 ▢，在图像窗口中绘制一个矩形，在属性栏中将填充颜色设置为深蓝色（28、51、93），描边颜色设置为无，如图 6-151 所示，在"图层"面板中生成新的形状图层"矩形 7"。

（40）选择"文件 > 置入嵌入对象"命令，弹出"置入嵌入的对象"对话框，选择云盘中的"Ch06 > 任务 6.2 设计 PC 端餐具详情页 > 素材 >14"文件，单击"置入"按钮，将图像置入图像窗口中。将"14"图像拖曳到适当的位置并调整大小，按 Enter 键确定操作，在"图层"面板中生成新的图层，将其重命名为"餐具 4"。按 Alt+Ctrl+G 组合键，为图层创建剪贴蒙版，效果如图 6-152 所示。

（41）选择"椭圆"工具 ⬭，在属性栏中将填充颜色设置为薄荷绿色（107、201、186），描边颜色设置为黑色，描边粗细设置为 4 像素，按住 Shift 键在图像窗口中绘制一个圆形，如图 6-153 所示，在"图层"面板中生成新的形状图层"椭圆 3"。在"图层"面板上方设置"不透明度"为 10%，效果如图 6-154 所示。

  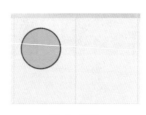 

图 6-151　　　　　　图 6-152　　　　　　图 6-153　　　　　　图 6-154

（42）选择"移动"工具 ⊕，按住 Alt+Shift 组合键水平向右拖曳图形到适当的位置，复制圆形，在"图层"面板中生成新的形状图层"椭圆3 拷贝"。使用相同的方法再次复制一个圆形，并在"属性"面板中设置描边颜色为无，在"图层"面板中生成新的形状图层"椭圆3 拷贝2"，效果如图6-155所示。

（43）选择"文件 > 置入嵌入对象"命令，弹出"置入嵌入的对象"对话框，选择云盘中的"Ch06 > 任务6.2 设计 PC 端餐具详情页 > 素材 >15"文件，单击"置入"按钮，将图像置入图像窗口中。将"15"图像拖曳到适当的位置并调整大小，按 Enter 键确定操作，效果如图6-156所示，在"图层"面板中生成新的图层，将其重命名为"碗"。

（44）选择"椭圆"工具 ◯，在属性栏中将填充颜色设置为深蓝色（28、51、93），描边颜色设置为无，按住 Shift 键在图像窗口中绘制一个圆形，如图6-157所示，在"图层"面板中生成新的形状图层"椭圆4"。

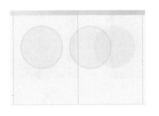
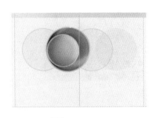

图 6-155　　　　　　　　图 6-156　　　　　　　　图 6-157

（45）使用相同的方法分别绘制其他形状，效果如图6-158所示，在"图层"面板中分别生成新的形状图层。选择"横排文字"工具 T，在适当的位置输入需要的文字并选取文字。在"字符"面板中将颜色设置为白色，并设置合适的字体和大小，效果如图6-159所示，在"图层"面板中生成新的文字图层。按住 Shift 键单击"椭圆4"图层，同时选取需要的图层。按 Ctrl+G 组合键，为图层编组并将其重命名为"1"。

（46）使用相同的方法制作出图6-160所示的效果，在"图层"面板中分别生成新的图层组。按住 Shift 键单击"矩形6"图层，同时选取需要的图层。按 Ctrl+G 组合键，为图层编组并将其重命名为"商品做工"。

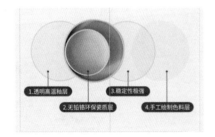

图 6-158　　　　　　　　图 6-159　　　　　　　　　图 6-160

（47）选择"视图 > 新建参考线"命令，弹出"新建参考线"对话框，在7210像素的位置创建一条水平参考线，设置如图6-161所示，单击"确定"按钮，完成参考线的创建。

（48）选择"矩形"工具□，在属性栏中将填充颜色设置为深蓝色（28、51、93），描边颜色设置为无，在图像窗口中绘制一个矩形，如图 6-162 所示，在"图层"面板中生成新的形状图层"矩形 7"。使用上述方法分别输入文字并绘制图形，制作出图 6-163 所示的效果，在"图层"面板中分别生成新的图层。

（49）选择"文件 > 置入嵌入对象"命令，弹出"置入嵌入的对象"对话框，选择云盘中的"Ch06 > 任务 6.2 设计 PC 端餐具详情页 > 素材 >16"文件，单击"置入"按钮，将图像置入图像窗口中。将"16"图像拖曳到适当的位置并调整大小，按 Enter 键确定操作，在"图层"面板中生成新的图层，将其重命名为"报告"，效果如图 6-164 所示。

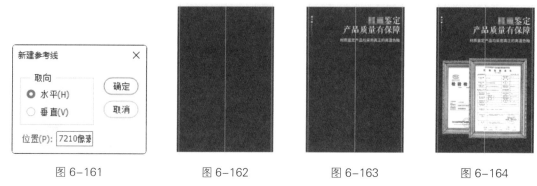

图 6-161　　　　　　图 6-162　　　　　　图 6-163　　　　　　图 6-164

（50）单击"图层"面板下方的"添加图层样式"按钮 fx，在弹出的菜单中选择"投影"命令，弹出"图层样式"对话框，设置投影颜色为黑色，其他选项的设置如图 6-165 所示，单击"确定"按钮，效果如图 6-166 所示。按住 Shift 键单击"矩形 8"图层，同时选取需要的图层。按 Ctrl+G 组合键，为图层编组并将其重命名为"质量保证"。

（51）选择"视图 > 新建参考线"命令，弹出"新建参考线"对话框，在 8710 像素的位置创建一条水平参考线，设置如图 6-167 所示，单击"确定"按钮，完成参考线的创建。

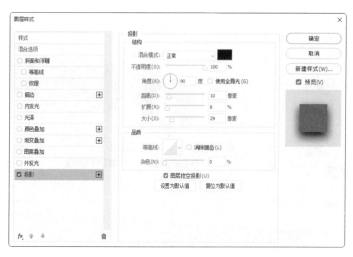

图 6-165　　　　　　　　　　图 6-166　　　　图 6-167

（52）选择"矩形"工具 □，在属性栏中将填充颜色设置为淡灰色（238、238、238），描边颜色设置为无，在图像窗口中绘制一个矩形，如图 6-168 所示，在"图层"面板中生成新的形状图层"矩形 9"。

（53）选择"横排文字"工具 T，在适当的位置分别输入需要的文字并选取文字。在"字符"面板中将颜色设置为黑色，并设置合适的字体和大小，效果如图 6-169 所示，在"图层"面板中分别生成新的文字图层。

（54）选择"圆角矩形"工具 □，在属性栏中将填充颜色设置为无，描边颜色设置为深灰色（119、119、119），描边粗细设置为 2 像素，半径均设置为 10 像素，在图像窗口中绘制一个圆角矩形，如图 6-170 所示，在"图层"面板中生成新的形状图层"圆角矩形 6"。

（55）在属性栏中将半径均设置为 6 像素，使用相同的方法再次绘制一个圆角矩形，在属性栏中将填充颜色设置为深灰色（119、119、119），描边颜色设置为无，如图 6-171 所示，在"图层"面板中生成新的形状图层"圆角矩形 7"。

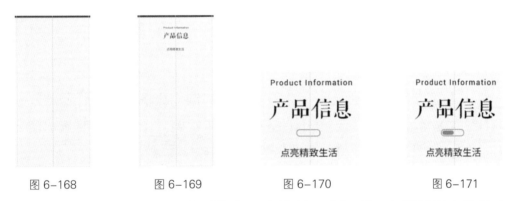

图 6-168　　　　　图 6-169　　　　　图 6-170　　　　　图 6-171

（56）选择"矩形"工具 □，在图像窗口中绘制一个矩形，在属性栏中将填充颜色设置为浅灰色（213、213、213），描边颜色设置为无，如图 6-172 所示，在"图层"面板中生成新的形状图层"矩形 10"。使用相同的方法再次绘制一个矩形，在属性栏中将填充颜色设置为无，描边颜色设置为深蓝色（28、51、93），描边粗细设置为 2 像素，如图 6-173 所示，在"图层"面板中生成新的形状图层"矩形 11"。

图 6-172　　　　　　　　　　　　　图 6-173

（57）选择"横排文字"工具 T，在适当的位置分别输入需要的文字并选取文字。在"字符"面板中将颜色设置为黑色，并设置合适的字体和大小，效果如图 6-174 所示，在"图层"面板中分别生成新的文字图层。按住 Shift 键单击"矩形 10"图层，同时选取需要的图层。

按 Ctrl+G 组合键，为图层编组并将其重命名为"信息"。

（58）选择"文件 > 置入嵌入对象"命令，弹出"置入嵌入的对象"对话框，选择云盘中的"Ch06 > 任务 6.2 设计 PC 端餐具详情页 > 素材 >17"文件，单击"置入"按钮，将图像置入图像窗口中。将"17"图像拖曳到适当的位置，按 Enter 键确定操作，效果如图 6-175 所示，在"图层"面板中生成新的图层，将其重命名为"米饭碗"。

（59）选择"钢笔"工具 ⌀.，在属性栏中将填充颜色设置为无，描边颜色设置为深蓝色（28、51、93），描边粗细设置为 2 像素。在适当的位置绘制形状，按 Enter 键确定操作，效果如图 6-176 所示。使用相同的方法再次绘制一个形状，效果如图 6-177 所示，在"图层"面板中生成新的形状图层"形状 3"和"形状 4"。

图 6-174　　　　图 6-175　　　　图 6-176　　　　图 6-177

（60）使用上述方法分别输入文字并置入图像，制作出图 6-178 所示的效果，在"图层"面板中分别生成新的图层。按住 Shift 键单击"米饭碗"图层，同时选取需要的图层。按 Ctrl+G 组合键，为图层编组并将其重命名为"米饭碗"。

（61）使用相同的方法制作出图 6-179 所示的效果，在"图层"面板中分别生成新的图层组。按住 Shift 键单击"矩形 9"图层，同时选取需要的图层。按 Ctrl+G 组合键，为图层编组并将其重命名为"商品信息"。

（62）使用上述方法制作出图 6-180 所示的效果，在"图层"面板中生成新的图层组，将其重命名为"多色可选"，如图 6-181 所示。

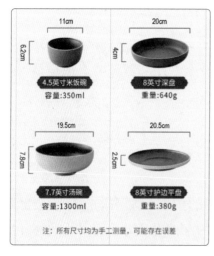

图 6-178　　　　图 6-179　　　　图 6-180　　　　图 6-181

（63）选择"文件 > 导出 > 存储为 Web 所用格式（旧版）"命令，在弹出的对话框中进行设置，如图 6-182 所示，单击"存储"按钮，导出效果图。至此，PC 端餐具详情页制作完成。

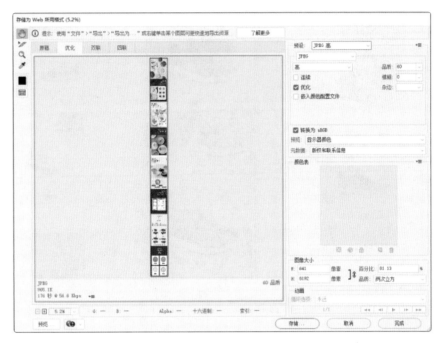

图 6-182

任务 6.3 项目演练——设计 PC 端运动鞋详情页

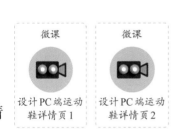

微课 设计PC端运动鞋详情页1

微课 设计PC端运动鞋详情页2

6.3.1 任务引入

本任务要求读者通过设计 PC 端运动鞋详情页掌握 PC 端详情页的设计要点与制作方法。

6.3.2 设计理念

在设计过程中，围绕主体物运动鞋进行创意。详情页的背景为纯色，和山间图片形成对比。色彩选取深棕色、浅棕色和米色，分别体现了大气、品质和精巧。字体选用江西拙楷、方正清刻本悦宋简体和思源宋体，起到了呼应主题的作用。图标采用与鞋类相关的线性图标，呈现出简约精致的特点。整体设计充满特色，契合主题。最终效果如图 6-183 所示，文件为"云盘 /6.3 项目演练——设计 PC 端运动鞋详情页 / 工程文件"。

（a）

（b）

（c）

图 6-183

项目7

优化无线端店铺
——无线端店铺设计

07

随着移动互联网的发展与普及，消费者在无线端店铺进行网购已经成为主流购物方式。因此，无线端店铺的设计对所有商家而言都至关重要，是网店美工设计中的核心任务。本项目对无线端店铺的设计基础知识进行系统讲解，并针对流行风格及典型行业的无线端店铺首页及详情页设计进行任务演练。通过本项目的学习，读者可以对无线端店铺的设计有一个系统的认识，并快速掌握无线端店铺的设计规范和制作方法，成功设计出可以增强消费者购买欲的无线端店铺。

学习引导

知识目标
- 掌握无线端店铺与 PC 端店铺的区别
- 掌握无线端店铺首页的设计基础
- 掌握无线端店铺详情页的设计基础

能力目标
- 了解无线端店铺的设计思路
- 掌握无线端店铺的制作方法

素养目标
- 培养对无线端店铺的审美鉴赏能力
- 培养对无线端店铺的设计创作能力

实训任务
- 设计无线端家具产品首页
- 设计无线端中秋美食详情页

相关知识： 无线端店铺设计基础知识

移动设备有着方便灵活的特点，能够极大地满足消费者随时随地进行购物的需求，因此通过无线端进行购物的消费者数量不断增多。在重大节假日，通过无线端进行购物的消费者数量已经远超越 PC 端的消费者数量。图 7-1 所示为设计精美的无线端店铺。

图 7-1

1 无线端店铺与 PC 端店铺的区别

在装修过程中，部分网店美工会把 PC 端店铺的图片直接运用到无线端店铺中，从而出现尺寸不合适和效果呈现不理想等问题。无线端店铺的设计看似简单，实则不易。

◎ 设计尺寸不同

无线端店铺和 PC 端店铺的设计尺寸不同，网店美工不能将设计好的 PC 端店铺图片直接照搬到无线端店铺中，否则会引发界面混乱、内容显示不全和效果不佳等问题。以店铺首页为例，无线端店铺首页的宽度通常为 1200 像素，而 PC 端店铺首页的宽度一般为 1920 像素，如图 7-2 所示。

（a）无线端店铺首页尺寸　　　　　　　（b）PC 端店铺首页尺寸

图 7-2

◎ 页面布局不同

由于设计尺寸的不同，无线端店铺的布局与 PC 端店铺的布局也会有所区别，以此提升消费者浏览无线端店铺的体验。如果 PC 端店铺的海报为左右布局的横版海报，则无线端店铺的海报需要设计成上下布局的竖版海报，如图 7-3 所示。

◎ 构成模块不同

无线端的构成模块划分清晰，并且会根据设备特点加入更能吸引消费者的模块。

例如店铺首页，无线端通常会在店招下方加入文字标题、店铺热搜和店铺会员等模块，比 PC 端的店铺首页更丰富，如图 7-4 所示。

（a）无线端店铺首页上下布局　　　　　　　　　　（b）PC 端店铺首页左右布局

图 7-3

（a）无线端店铺首页模块更多　　　　　　　　　　（b）PC 端店铺首页模块较少

图 7-4

◎ 信息内容不同

由于尺寸缩小，无线端店铺需要在有限的空间进行设计，因此相较于 PC 端店铺，无线端店铺无法通过比较详细的文字说明商品，只会选择更重要的文案内容来呈现，并且对价格进行加重，调整颜色以做出强调，使其更适合在无线端进行展示，如图 7-5 所示。

❷ 无线端店铺首页设计基础知识

无线端店铺首页的宽度为 1200 像素，高度不限，其设计可以根据商家的需要和后台装修模块进行组合变化。首页的核心模块通常由店招、文字标题、店铺热搜、轮播海报、优惠券、分类导航、商品展示、底部信息等模块组成，如图 7-6 所示。

◎ 店招模块

无线端店铺的首页店招模块通常无须网店美工再次进行设计，可以由后台装修自动生成，如图 7-7 所示。

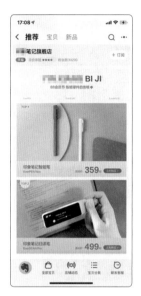

（a）无线端店铺首页文字较少

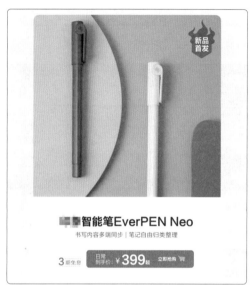

（b）PC端店铺首页文字较多

图 7-5

（a）　　　　（b）

图 7-6

图 7-7

◎ 文字标题模块

无线端店铺的首页文字标题模块用于展示店铺动态，凸显店铺优势，通常位于店招的下方，起到宣传通告、促进购买的作用。淘宝中的文字标题无须网店美工进行设计，可以由后台装修自动生成，并且可以到鹿班更换样式，如图 7-8 所示。需要注意的是，标题的内容不能超过 20 个字。（注：鹿班是由阿里巴巴智能设计实验室研发的一款设计产品，能够通过人工智能技术，快速、批量、自动化地进行图片设计。）

◎ 店铺热搜模块

无线端店铺首页的店铺热搜模块用于展示店铺的热搜关键词，通常位于文字标题的下方，起到吸引消费者、促进购买的作用。淘宝中的店铺热搜无须网店美工进行设计，可以由后台装修自动生成，并且可以到鹿班更换样式，如图 7-9 所示。当搜索词不足 3 个时，该模块不会在店铺首页进行展示。

图 7-8　　　　　　　　　　图 7-9

◎ 轮播海报模块

无线端店铺的首页轮播海报模块是需要网店美工正式进行设计的模块，其宽度为1200像素，高度为120～2000像素，支持JPG或PNG格式，大小不超过2MB，如图7-10所示。

◎ 优惠券模块

无线端店铺首页的优惠券模块可以依据项目5中PC端店铺首页优惠券的讲解进行设计。需要注意的是，设计尺寸、字号大小和色彩搭配要符合无线端店铺的设计规范，如图7-11所示。

图 7-10

图 7-11

◎ 分类导航模块

在无线端店铺中，消费者是通过上下滑动的方式进行浏览的，因此在设计时会尽量减少大规模的点击交互，所以分类导航模块通常在商品类型丰富的店铺中出现。无线端店铺首页分类导航模块的设计可以依据项目5中PC端店铺首页分类导航模块进行设计。需要注意的是，无线端店铺中分类导航模块的设计有时会进行简化处理，以节约面积，如图7-12所示。

（a）无线端首页分类导航　　　　　　　　　（b）PC端首页分类导航

图 7-12

◎ 商品展示模块

无线端店铺首页的商品展示模块可以依据项目5中PC端店铺首页商品展示模块进行设计。但由于面积有限，无线端店铺首页的商品展示模块无法像PC端那样

1 行 4 列地展示商品，通常会以 1 行 1 列、1 行 2 列或 1 行 3 列的形式进行展示。当以 1 行 1 列展示商品时，可以做成单图海报，其宽度为 1200 像素，高度为 120 ~ 2000 像素。当以 1 行 2 列或 1 行 3 列展示商品时，模块上面可加入 Banner 提升美感，如图 7-13 所示。Banner 的宽度为 1200 像素，高度为 376 像素或 591 像素，支持 JPG 或 PNG 格式，大小不超过 2MB。

图 7-13

◎ 底部信息模块

底部信息模块位于页面底部，消费者在浏览时容易产生视觉疲劳。因此，无线端的大部分店铺会去除底部信息模块。个别保留底部信息模块的无线端店铺，会将 PC 端店铺首页的底部信息做元素简化或颜色变化等处理来进行设计，以减轻消费者的浏览负担、激发消费者的观看兴趣，如图 7-14 所示。

（a）无线端首页底部信息　　　　　　　　　　　　（b）PC 端首页底部信息

图 7-14

❸ 无线端店铺详情页设计基础知识

无线端店铺详情页的设计模块可以依据项目 6 中 PC 端店铺详情页进行设计。需要注意的是，目前淘宝网无线端店铺详情页单张图片尺寸要求宽度在 750 ~ 1242 像素之间，高度小于或等于 1546 像素。因此，网店美工可以直接使用 PC 端店铺详情页来制作 750 像素宽度的无线端店铺详情页。

任务 7.1 设计无线端家具产品首页

7.1.1 任务引入

本任务要求读者首先认识"直线"工具；然后通过设计无线端家具产品首页，掌握无线端首页的设计要点与制作方法。

7.1.2 设计理念

在设计过程中，根据任务 5.1 中的 PC 端家具产品首页，进行无线端家具产品首页的设计。最终效果如图 7-15 所示，文件为"云盘 /Ch07/ 任务 7.1 设计无线端家具产品首页 / 工程文件"。

（a）　　　　　（b）

图 7-15

7.1.3 任务知识："直线"工具

"直线"工具 ∠ 的属性栏如图 7-16 所示。

图 7-16

7.1.4　任务实施

（1）按 Ctrl+N 组合键，弹出"新建文档"对话框，设置宽度为 1200 像素，高度为 9416 像素，分辨率为 72 像素 / 英寸，颜色模式为 RGB，背景内容为白色，如图 7-17 所示，单击"创建"按钮，新建一个文件。

图 7-17

（2）选择"矩形"工具▭，在属性栏的"选择工具模式"下拉列表中选择"形状"选项，将填充颜色设置为黑色，描边颜色设置为无。在图像窗口中适当的位置绘制一个矩形，在"图层"面板中生成新的形状图层"矩形 1"。选择"窗口 > 属性"命令，弹出"属性"面板，在面板中进行设置，如图 7-18 所示，效果如图 7-19 所示。

图 7-18　　　　　　　　　　　　　　　　图 7-19

（3）按 Ctrl+R 组合键，显示标尺。选择"视图 > 对齐到 > 全部"命令，将鼠标指针移动到图像窗口左侧的标尺上，按住鼠标左键水平向右拖曳，在矩形左侧锚点的位置松开鼠标，完成参考线的创建，效果如图 7-20 所示。使用相同的方法，在矩形右侧锚点的位置创建一条参考线，效果如图 7-21 所示。

图 7-20　　　　　　　　　　　　　　　　图 7-21

（4）按 Ctrl+T 组合键，在矩形周围出现变换框，如图 7-22 所示。将鼠标指针移动到图像窗口左侧的标尺上，按住鼠标左键水平向右拖曳，在矩形中心点的位置松开鼠标，完成参考线的创建，效果如图 7-23 所示。按 Enter 键确定操作，在"图层"面板中选中"矩形 1"图层，按 Delete 键将其删除。

图 7-22　　　　　　　　　　　　　　　　图 7-23

（5）选择"视图 > 新建参考线"命令，弹出"新建参考线"对话框，在 1520 像素的位置创建一条水平参考线，设置如图 7-24 所示，单击"确定"按钮，完成参考线的创建。

（6）选择"矩形"工具 □，在属性栏中将填充颜色设置为淡灰色（245、245、245），描边颜色设置为无，在图像窗口中绘制一个矩形，如图 7-25 所示，在"图层"面板中生成新的形状图层"矩形 1"。

（7）在图像窗口中再次绘制一个矩形，在属性栏中将填充颜色设置为无，描边颜色设置为白色，描边粗细设置为 14 像素，如图 7-26 所示，在"图层"面板中生成新的形状图层，将其重命名为"白色边框"。

（8）选择"横排文字"工具 T.，在适当的位置分别输入需要的文字并选取文字。选择"窗口 > 字符"命令，打开"字符"面板，在"字符"面板中分别设置文字的填充颜色为深灰色（73、73、74）和深卡其色（195、135、73），并分别设置合适的字体和大小，效果如图 7-27 所示，在"图层"面板中分别生成新的文字图层。

图 7-24　　　　　　　图 7-25　　　　　　　图 7-26　　　　　　　图 7-27

（9）选择"矩形"工具 □，在属性栏中将填充颜色设置为无，描边颜色设置为深灰色（8、1、2），描边粗细设置为 2 像素，在图像窗口中绘制一个矩形，如图 7-28 所示，在"图层"面板中生成新的形状图层"矩形 2"。

（10）选择"文件 > 置入嵌入对象"命令，弹出"置入嵌入的对象"对话框，选择云盘中的"Ch07>任务 7.1 设计无线端家具产品首页 > 素材 > 01"文件，单击"置入"按钮，将图片置入图像窗口中，将其拖曳到适当的位置，按 Enter 键确定操作，效果如图 7-29 所示，在"图层"面板中生成新的图层，将其重命名为"椅子"。

（11）选择"矩形"工具 ▢，在属性栏中将填充颜色设置为深卡其色（195、135、73），描边颜色设置为无，在图像窗口中绘制一个矩形，如图 7-30 所示，在"图层"面板中生成新的形状图层"矩形 3"。

（12）选择"横排文字"工具 T.，在适当的位置分别输入需要的文字并选取文字。在"字符"面板中设置文字的填充颜色为白色，并设置合适的字体和大小，效果如图 7-31 所示，在"图层"面板中分别生成新的文字图层。按住 Shift 键单击"矩形 1"图层，同时选取需要的图层。按 Ctrl+G 组合键，为图层编组并将其重命名为"Banner1"。

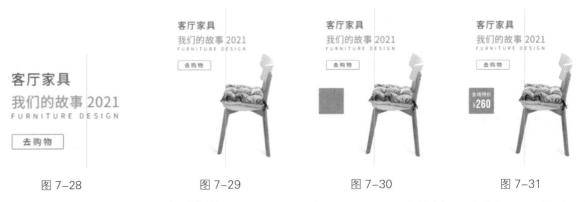

图 7-28　　　　　　图 7-29　　　　　　图 7-30　　　　　　图 7-31

（13）使用相同的方法分别制作"Banner2"和"Banner3"图层组，如图 7-32 所示，效果如图 7-33 和图 7-34 所示。

图 7-32　　　　　　　图 7-33　　　　　　　图 7-34

（14）选择"椭圆"工具 ◯.，在属性栏中将填充颜色设置为中灰色（73、73、73），描边颜色设置为无，按住 Shift 键在图像窗口中绘制一个圆形，如图 7-35 所示。使用相同的方法再次绘制两个圆形，并填充相应的颜色，如图 7-36 所示，在"图层"面板中生成新的形状图层"椭圆 1""椭圆 2""椭圆 3"。按住 Shift 键单击"Banner3"图层组，同时选取需要的图层组。按 Ctrl+G 组合键，为图层组编组并将其重命名为"轮播海报"，如图 7-37 所示。

图 7-35　　　　　　图 7-36　　　　　　图 7-37

（15）选择"视图 > 新建参考线"命令，弹出"新建参考线"对话框，在 1576 像素的位置创建一条水平参考线，设置如图 7-38 所示，单击"确定"按钮，完成参考线的创建。使用相同的方法，在 1684 像素的位置创建一条水平参考线。

（16）选择"横排文字"工具 T.，在适当的位置分别输入需要的文字并选取文字。在"字符"面板中分别设置文字的填充颜色为黑色和深灰色（102、102、102），并分别设置合适的字体和大小，效果如图 7-39 所示，在"图层"面板中分别生成新的文字图层。

（17）选择"视图 > 新建参考线"命令，弹出"新建参考线"对话框，在 1740 像素的位置创建一条水平参考线，设置如图 7-40 所示，单击"确定"按钮，完成参考线的创建。使用相同的方法，在 2052 像素的位置创建一条水平参考线。

图 7-38　　　　　　图 7-39　　　　　　图 7-40

（18）选择"矩形"工具 □.，在属性栏中将填充颜色设置为无，描边颜色设置为黑色，描边粗细设置为 2 像素，在图像窗口中绘制一个矩形，如图 7-41 所示，在"图层"面板中生成新的形状图层"矩形 4"。

（19）选择"横排文字"工具 T.，在适当的位置分别输入需要的文字并选取文字。在"字符"面板中设置文字的填充颜色为深灰色（1、1、1），并设置合适的字体和大小，效果如图 7-42 所示，在"图层"面板中分别生成新的文字图层。

（20）选择"圆角矩形"工具 □.，在属性栏中将填充颜色设置为卡其色（200、143、63），描边颜色设置为无，半径均设置为 26 像素，在图像窗口中绘制一个圆角矩形，如图 7-43 所示，在"图层"面板中生成新的形状图层"圆角矩形 2"。使用上述方法输入文字，在"字符"面板中设置文字的填充颜色为白色，并设置合适的字体和大小，效果如图 7-44 所示，在"图层"面板中生成新的文字图层。

<table>
<tr><td>图 7-41</td><td>图 7-42</td><td>图 7-43</td><td>图 7-44</td></tr>
</table>

（21）按住 Shift 键单击"矩形 4"图层，同时选取需要的图层。按 Ctrl+G 组合键，为图层编组并将其重命名为"券 1"。使用上述方法分别绘制形状并输入文字，制作出图 7-45 所示的效果，在"图层"面板中生成新的图层组"券 2""券 3""券 4"。按住 Shift 键单击"先领券 再购物"图层，同时选取需要的图层。按 Ctrl+G 组合键，为图层编组并将其重命名为"优惠券"。

（22）选择"视图 > 新建参考线"命令，弹出"新建参考线"对话框，在 2108 像素的位置创建一条水平参考线，设置如图 7-46 所示，单击"确定"按钮，完成参考线的创建。使用相同的方法，在 2920 像素的位置创建一条水平参考线。

图 7-45

图 7-46

（23）选择"矩形"工具 □，在属性栏中将填充颜色设置为浅灰色（245、245、245），描边颜色设置为无，在图像窗口中绘制一个矩形，如图 7-47 所示，在"图层"面板中生成新的形状图层"矩形 5"。

（24）选择"视图 > 新建参考线"命令，弹出"新建参考线"对话框，在 2164 像素的位置创建一条水平参考线，设置如图 7-48 所示，单击"确定"按钮，完成参考线的创建。使用相同的方法，在 2270 像素的位置创建一条水平参考线。

（25）选择"横排文字"工具 T，在适当的位置分别输入需要的文字并选取文字。在"字符"面板中分别设置文字的填充颜色为黑色和深灰色（102、102、102），并分别设置合适的字体和大小，效果如图 7-49 所示，在"图层"面板中分别生成新的文字图层。

图 7-47

图 7-48

图 7-49

（26）选择"视图 > 新建参考线"命令，弹出"新建参考线"对话框，在 2328 像素的位置创建一条水平参考线，设置如图 7-50 所示，单击"确定"按钮，完成参考线的创建。使用相同的方法，在 2864 像素的位置创建一条水平参考线。

（27）选择"矩形"工具 □，在属性栏中将填充颜色设置为白色，描边颜色设置为无，在图像窗口中绘制一个矩形，如图 7-51 所示，在"图层"面板中生成新的形状图层"矩形 6"。

（28）使用上述方法置入"04"素材文件，在"图层"面板中生成新的图层，将其重命名为"床"。使用上述方法输入文字，在"字符"面板中设置文字的填充颜色为深灰色（1、1、1），并设置合适的字体和大小，效果如图 7-52 所示，在"图层"面板中生成新的文字图层。

图 7-50   图 7-51   图 7-52

（29）使用相同的方法制作出图 7-53 所示的效果，在"图层"面板中分别生成新的图层。按住 Shift 键单击"矩形 6"图层，同时选取需要的图层。按 Ctrl+G 组合键，为图层编组并将其重命名为"图标"。按住 Shift 键单击"矩形 5"图层，同时选取需要的图层。按 Ctrl+G 组合键，为图层编组并将其重命名为"分类导航"。

（30）选择"视图 > 新建参考线"命令，弹出"新建参考线"对话框，在 2976 像素的位置创建一条水平参考线，设置如图 7-54 所示，单击"确定"按钮，完成参考线的创建。使用相同的方法，在 3032 像素和 3138 像素的位置各创建一条水平参考线。

图 7-53

图 7-54

（31）选择"横排文字"工具 T，在适当的位置分别输入需要的文字并选取文字。在"字符"面板中分别设置文字的填充颜色为黑色和深灰色（102、102、102），并分别设置合适的字体和大小，效果如图 7-55 所示，在"图层"面板中分别生成新的文字图层。

（32）选择"视图 > 新建参考线"命令，弹出"新建参考线"对话框，在 3194 像素的位置创建一条水平参考线，设置如图 7-56 所示，单击"确定"按钮，完成参考线的创建。使用相同的方法，在 4394 像素的位置创建一条水平参考线。

图 7-55   图 7-56

（33）选择"矩形"工具 ▢，在属性栏中将填充颜色设置为浅灰色（245、245、245），描边颜色设置为无，在图像窗口中绘制一个矩形，如图 7-57 所示，在"图层"面板中生成新的形状图层"矩形 7"。

（34）选择"文件 > 置入嵌入对象"命令，弹出"置入嵌入的对象"对话框，选择云盘中的"Ch07 > 任务 7.1 设计无线端家具产品首页 > 素材 >12"文件，单击"置入"按钮，将图像置入图像窗口中，将其拖曳到适当的位置并调整大小，按 Enter 键确定操作，如图 7-58 所示，在"图层"面板中生成新的图层，将其重命名为"沙发椅"。

（35）选择"横排文字"工具 T，在适当的位置分别输入需要的文字并选取文字。在"字符"面板中分别设置文字的填充颜色为浅灰色（150、150、150）和深灰色（48、48、48），并分别设置合适的字体和大小，效果如图 7-59 所示，在"图层"面板中分别生成新的文字图层。

图 7-57   图 7-58   图 7-59

（36）使用上述方法分别输入文字并绘制图形，制作出图 7-60 所示的效果，在"图层"面板中分别生成新的图层。按住 Shift 键单击"矩形 7"图层，同时选取需要的图层。按 Ctrl+G 组合键，为图层编组并将其重命名为"沙发椅"。

（37）使用相同的方法制作出图 7-61 所示的效果，在"图层"面板中生成新的图层组，将其重命名为"电视柜"。按住 Shift 键单击"掌柜推荐 优质好货"图层，同时选取需要的图层。按 Ctrl+G 组合键，为图层编组并将其重命名为"掌柜推荐"。

（38）选择"视图 > 新建参考线"命令，弹出"新建参考线"对话框，在 4506 像素的位置创建一条水平参考线，设置如图 7-62 所示，单击"确定"按钮，完成参考线的创建。使用相同的方法，在 4612 像素的位置创建一条水平参考线。

图 7-60   图 7-61   图 7-62

（39）选择"横排文字"工具 T.，在适当的位置分别输入需要的文字并选取文字。在"字符"面板中分别设置文字的填充颜色为黑色和深灰色（102、102、102），并分别设置合适的字体和大小，效果如图 7-63 所示，在"图层"面板中分别生成新的文字图层。

（40）选择"视图 > 新建参考线"命令，弹出"新建参考线"对话框，在 4668 像素的位置创建一条水平参考线，设置如图 7-64 所示，单击"确定"按钮，完成参考线的创建。使用相同的方法，在 5802 像素和 6136 像素的位置各创建一条水平参考线。

（41）选择"矩形"工具 □.，在属性栏中将填充颜色设置为浅灰色（245、245、245），描边颜色设置为无，在图像窗口中绘制一个矩形，如图 7-65 所示，在"图层"面板中生成新的形状图层"矩形 8"。

图 7-63   图 7-64   图 7-65

（42）在图像窗口中再次绘制一个矩形，在"图层"面板中生成新的形状图层"矩形 9"，在属性栏中将填充颜色设置为白色，描边颜色设置为无，效果如图 7-66 所示。使用相同的方法再次绘制一个矩形，在"图层"面板中生成新的形状图层"矩形 10"，在属性栏中将填充颜色设置为深灰色（198、198、198），描边颜色设置为无，效果如图 7-67 所示。

（43）选择"文件 > 置入嵌入对象"命令，弹出"置入嵌入的对象"对话框，选择云盘中的"Ch07 > 任务 7.1 设计无线端家具产品首页 > 素材 >14"文件，单击"置入"按钮，将图像置入图像窗口中。将其拖曳到适当的位置并调整大小，按 Enter 键确定操作，如图 7-68 所示，在"图层"面板中生成新的图层，将其重命名为"沙发"。

（44）使用上述方法分别在适当的位置创建参考线、输入文字并绘制图形，制作出图 7-69 所示的效果，在"图层"面板中分别生成新的图层。按住 Shift 键单击"矩形 9"图层，同时选取需要的图层。按 Ctrl+G 组合键，为图层编组并将其重命名为"沙发"。

（45）使用上述方法，分别根据需要创建参考线、绘制图形、输入文字并置入图标，制作出图 7-70 所示的效果，在"图层"面板中分别生成新的图层组。按住 Shift 键单击"更多产品 支持定制"图层，同时选取需要的图层。按 Ctrl+G 组合键，为图层编组并将其重命名为"更多产品"。

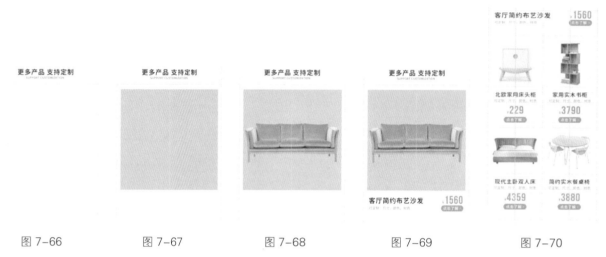

图 7-66   图 7-67   图 7-68   图 7-69   图 7-70

（46）使用上述方法，在 8180 像素的位置创建一条水平参考线。选择"矩形"工具 □，在属性栏中将填充颜色设置为黑色，描边颜色设置为无，在图像窗口中绘制一个矩形，如图 7-71 所示，在"图层"面板中生成新的形状图层"矩形 12"。

（47）选择"文件 > 置入嵌入对象"命令，弹出"置入嵌入的对象"对话框，选择云盘中的"Ch07 > 任务 7.1 设计无线端家具产品首页 > 素材 >20"文件，单击"置入"按钮，将图像置入图像窗口中。将其拖曳到适当的位置并调整大小，按 Enter 键确定操作，在"图层"面板中生成新的图层，将其重命名为"沙发 3"。按 Alt+Ctrl+G 组合键，为"沙发 3"图层创建剪贴蒙版。在"图层"面板上方设置图层的"不透明度"为 25%，效果如图 7-72 所示。使用上述方法，分别置入图标并输入文字，制作出图 7-73 所示的效果，在"图层"面板中分别生成新的图层。

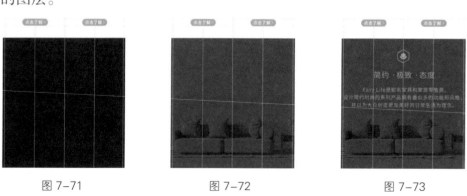

图 7-71   图 7-72   图 7-73

（48）选择"椭圆"工具 ，在属性栏中将填充颜色设置为无，描边颜色设置为深卡其色（195、135、73），描边粗细设置为 6 像素，按住 Shift 键在图像窗口中绘制一个圆形，如图 7-74 所示，在"图层"面板中生成新的形状图层"椭圆 6"。使用上述方法，分别绘制圆形、置入图标并输入文字，制作出图 7-75 所示的效果，在"图层"面板中分别生成新的图层。

（49）选择"圆角矩形"工具 ◻，在属性栏中将填充颜色设置为深卡其色（195、135、73），描边颜色设置为无，半径均设置为 42 像素，在图像窗口中绘制一个圆角矩形，在"图层"面板中生成新的形状图层"圆角矩形 6"。使用上述方法输入文字，在"字符"面板中设置文字的填充颜色为白色，并设置合适的字体和大小，效果如图 7-76 所示，在"图层"面板中生成新的文字图层。

图 7-74　　　　　　　图 7-75　　　　　　　图 7-76

（50）按住 Shift 键单击"椭圆 6"图层，同时选取需要的图层。按 Ctrl+G 组合键，为图层编组并将其重命名为"返回顶部"。按住 Shift 键单击"矩形 12"图层，同时选取需要的图层。按 Ctrl+G 组合键，为图层编组并将其重命名为"底部信息"。

（51）选择"文件 > 导出 > 存储为 Web 所用格式（旧版）"命令，在弹出的对话框中进行设置，如图 7-77 所示，单击"存储"按钮，导出效果图。至此，无线端家具产品首页制作完成。

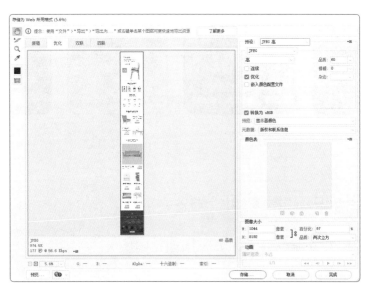

图 7-77

任务 7.2　设计无线端中秋美食详情页

微课

设计无线端中秋美食详情页

7.2.1　任务引入

本任务要求读者首先了解"图像大小"命令；然后通过设计无线端中秋美食详情页，掌握无线端详情页的设计要点与制作方法。

7.2.2　设计理念

在设计过程中，根据任务 6.1 中的 PC 端中秋美食详情页，进行无线端中秋美食详情页的设计。最终效果如图 7-78 所示，文件为"云盘 /Ch07/ 任务 7.2 设计无线端中秋美食详情页 / 工程文件"。

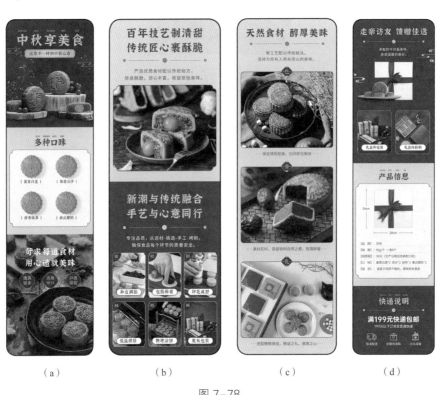

| （a） | （b） | （c） | （d） |

图 7-78

7.2.3　任务知识："图像大小"命令

"图像"菜单如图 7-79 所示，本任务要用到"图像大小"命令。

图 7-79

7.2.4 任务实施

（1）按 Ctrl+O 组合键，打开云盘中的"Ch07 > 任务 7.2 设计无线端中秋美食详情页 > 素材 > 01"文件，如图 7-80 所示。

（a） （b） （c）

图 7-80

（2）选择"图像 > 图像大小"命令，弹出"图像大小"对话框，在对话框中进行设置，如图 7-81 所示，单击"确定"按钮，修改详情页的尺寸。

图 7-81

（3）选择"文件 > 导出 > 存储为 Web 所用格式（旧版）"命令，在弹出的对话框中进行设置，如图 7-82 所示，单击"存储"按钮，导出效果图。至此，无线端中秋美食详情页制作完成。

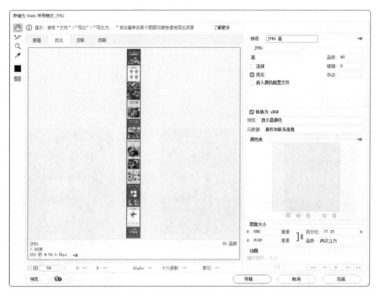

图 7-82

任务 7.3　项目演练——设计无线端数码产品首页

7.3.1　任务引入

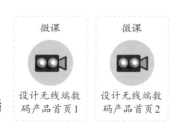

本任务要求读者通过设计无线端数码产品首页，掌握无线端首页的设计要点与制作方法。

7.3.2　设计理念

在设计过程中，根据任务 5.3 项目演练中的 PC 端数码产品首页，进行无线端数码产品首页的设计。最终效果如图 7-83 所示，文件为"云盘 /7.3 项目演练——设计无线端数码产品首页 / 工程文件"。

（a）　　　　　　　　（b）　　　　　　　　（c）

图 7-83

08

项目8

打造生动的网店宣传片
——网店视频拍摄与制作

伴随着无线端店铺的崛起，视频因其展现方式简单明了，成为各个店铺吸引消费者的重要手段。因此，网店视频的拍摄与制作成为网店美工需要完成的重要任务之一。本项目对拍摄与制作网店视频的基础知识进行系统讲解，并针对流行风格及典型行业的网店视频制作进行任务演练。通过本项目的学习，读者可以对网店视频的拍摄与制作有一个系统的认识，并快速掌握拍摄与制作网店视频的规范和方法，成功制作出具有强大吸引力的网店视频。

学习引导

知识目标
- 了解网店视频的构图原则
- 了解网店视频的上传类型
- 了解网店视频的制作流程

能力目标
- 了解网店视频的拍摄思路
- 掌握网店视频的拍摄方法
- 了解网店视频的制作思路
- 掌握网店视频的制作方法

素养目标
- 培养对网店视频的鉴赏能力
- 培养对网店视频的拍摄创作能力
- 培养对网店视频的处理创作能力

实训任务
- 拍摄手冲咖啡教学视频
- 制作手冲咖啡教学视频

网店视频拍摄与制作基础知识

　　将商品拍摄成视频并经过后期处理，上传至网店进行展示，这样可以通过视听结合的方式吸引大量消费者，更好地向消费者展示商品，从而提高商品的转化率。

1 网店视频构图原则

◎ 主体明确

商品是视频的主体。在摄影构图时，一定要将商品放到醒目的位置，通常中心位置更能凸显商品的主体地位，如图 8-1 所示。

图 8-1

◎ 物体衬托

商品主体需要有相关物体作为陪衬，不然画面会显得空洞、呆板。同时，作为陪衬的物体应注意摆放合理，不然会喧宾夺主，如图 8-2 所示。

图 8-2

◎ 环境烘托

给拍摄的对象营造一个合适的环境，不仅能突出商品主体，还能为画面添加美感、凸显氛围，如图 8-3 所示。

图 8-3

◎ 前景与背景处理

前景即位于商品主体之前的景物，而位于商品主体之后的景物则为背景。前景可以使画面丰富、有层次感，背景可以使画面立体、有空间感，如图 8-4 所示。

图 8-4

◎ 画面简洁

视频中的背景应尽量简单，以保持画面简洁，避免分散消费者的注意力。如果背景有些杂乱，可以对背景进行模糊处理；或选择合适的角度进行拍摄，避免杂乱的背景影响商品主体，如图 8-5 所示。

图 8-5

◎ 追求形式美

将基础元素点、线、面运用到拍摄画面中，可以使画面富有设计美感，从而达到追求形式美的目的，如图 8-6 所示。

图 8-6

② 网店视频上传类型

◎ 主图视频

主图视频主要应用在商品详情页中的主图位置，用于展示商品的特点和卖点。在制作该视频时，建议时长为 5 ~ 60 秒，建议宽高比为 16:9、1:1、3:4,建议尺寸为750 像素 ×1000 像素或以上，如图 8-7 所示。

◎ 页面视频

页面视频主要应用在首页或商品详情页中合适的位置，常用于介绍品牌或展示商品的使用方法与使用效果。在制作页面视频时，时长不能超过 10 分钟，且视频尺寸建议为 1920 像素 ×720 像素，如图 8-8 所示。

图 8-7

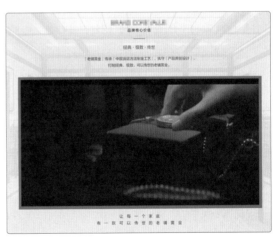

图 8-8

③ 网店视频制作流程

◎ 了解特点

在拍摄商品视频前，应先对拍摄的商品有一定的了解，如商品的特点、使用方法及使用后的效果等。只有先了解商品，才能准备合适的道具、拍摄环境和拍摄时间，并根据商品的大小及材质选择拍摄器材，进行布光，如图 8-9 所示。

◎ 准备道具

充分了解商品的特点后，并不能马上进入视频拍摄环节，还需要准备好道具、模特及场景等，如图 8-10 所示。

图 8-9

图 8-10

◎ 制定脚本

在准备好道具后，可以根据商品的特点制定视频拍摄的脚本，方便进行下一步的视频拍摄，如图 8-11 所示。

◎ 拍摄视频

制定完脚本后即可进入视频拍摄环节。在拍摄过程中，一定要保持画面的稳定和水平，以达到好的拍摄效果。应从不同的角度进行拍摄，避免画面单一，如图 8-12 所示。

此外，还要掌控好拍摄时间，方便进行下一步的后期合成。特写建议在 2～3 秒，近景建议在 3～4 秒，中景建议在 5～6 秒，全景建议在 6～7 秒，大全景建议在 6～11 秒，而一般镜头建议在 4～6 秒。

◎ 后期合成

后期合成是制作视频中非常关键的一步，主要是通过视频编辑软件对视频素材进行编辑与分割、添加转场与滤镜特效、添加字幕和音频等操作，使视频更加精彩，如图 8-13 所示。

◎ 保存导出

视频处理完成后，还需要对视频进行保存和导出操作，防止视频丢失与损坏，并且便于上传，如图 8-14 所示。

图 8-11

图 8-12

图 8-13

图 8-14

任务 8.1　拍摄手冲咖啡教学视频

8.1.1　任务引入

本任务要求读者首先认识拍摄工具；然后通过拍摄手冲咖啡教学视频，掌握教学视频的拍摄要点与拍摄方法。

8.1.2　任务知识：拍摄工具

佳能 5DII、佳能 60D、标准镜头、备用电池、三脚架、SD 卡、笔记本电脑、反光板。

8.1.3 任务实施

① 制定拍摄脚本

场景	镜头号	景别	拍摄手法	拍摄角度	内容	字幕	备注
咖啡馆	1	中景	固定拍摄	正面平视角度	所有手冲咖啡的相关器具和咖啡摆放在桌面上进行展示	—	注意器具摆放的层次和背景
咖啡馆	2	特写	移摄	—	冲杯和分享壶的全貌，镜头以冲杯为起点，从上至下到分享壶，再从下至上回到冲杯为落点拍摄	—	—
咖啡馆	3	特写	移摄	—	细嘴手冲壶，画面从分享壶的位置移摄到细嘴手冲壶上	—	镜头在手冲壶上停留 1 秒
咖啡馆	4	特写	移摄	—	过滤纸，镜头从细嘴手冲壶的位置从右至左移到过滤纸上	—	—
咖啡馆	5	近景	固定拍摄	—	咖啡豆放在杯子里，缓缓倒入盘子中，展示咖啡豆	—	—
咖啡馆	6	近景	固定拍摄	—	称咖啡豆的重量	20 克咖啡豆	—
咖啡馆	7	特写	固定拍摄	—	咖啡豆倒入磨豆机后盖上盖子	—	—
咖啡馆	8	特写	移摄	—	自下而上拍摄磨豆机的全貌，然后停留在研磨的过程上	调到刻度 18	—
咖啡馆	9	特写	固定拍摄	—	将研磨好的咖啡粉放在手心里，展示咖啡研磨的粗细效果	砂糖般粗细	—
咖啡馆	10	近景	固定拍摄	—	过滤纸的使用方法	—	只拍摄咖啡师手部折滤纸的操作过程
咖啡馆	11	近景	固定拍摄	—	热水倒入细嘴手冲壶	—	—
咖啡馆	12	特写	固定拍摄	—	将热水均匀的冲在滤纸上，使滤纸全部湿润，紧贴在滤杯壁	去除纸浆的味道	—
咖啡馆	13	近景	摇摄	—	咖啡师继续冲水，热水从滤杯流到分享壶中	温暖咖啡壶	镜头自上而下拍摄
咖啡馆	14	特写	固定拍摄	俯视角度	将磨好的咖啡粉倒入滤杯中，用勺子轻轻拍平	使咖啡粉平整	—
咖啡馆	15	中景	固定拍摄	俯视角度	咖啡师手持手冲壶准备开始冲水	—	—
咖啡馆	16	特写	固定拍摄	俯视角度	第一次冲水的过程和焖蒸过程	第一次注入 60 克水焖蒸约 20 秒	—
咖啡馆	17	特写	固定拍摄	俯视角度	第二次冲水的过程	—	—
咖啡馆	18	特写	移摄	正面平视角度	咖啡从滤杯慢慢注入分享壶的过程	慢慢加到 300 克水	镜头从上自下拍摄
咖啡馆	19	特写	固定拍摄	俯视角度	第三次冲水的过程	第三次注水加到 400 克	—
咖啡馆	20	特写	移摄	正面平视角度	咖啡从滤杯慢慢注入分享壶的过程	味道清澈圆润	镜头从上自下拍摄
咖啡馆	21	特写	固定拍摄	正面平视角度	咖啡滴落在分享壶里	到慢慢滴落就好了	—
咖啡馆	22	特写	固定拍摄	俯视角度	将分享壶里的咖啡倒入温好的咖啡杯中	—	—
咖啡馆	23	中景	拉摄	正面平视角度	模特坐在桌前悠闲地品尝咖啡	—	—

2 考察拍摄场地

拍摄场景选在一家布置得十分温馨的咖啡馆里，如图 8-15 所示。拍摄前对咖啡馆进行了实地考察，察看场地的采光情况。这间咖啡馆临街，有较大的窗户，采光很好，因此无须再准备其他的灯光设备。咖啡馆的装修装饰也符合需要的温馨风格。在现场，根据环境和光线条件，事先将制作咖啡的位置固定好，这样可以节省拍摄时间。

图 8-15

3 其他准备工作

◎ 准备道具

除了主体物手冲咖啡壶套装外，画面中还有其他的元素，包括操作员的手和服装、咖啡杯、热水壶、装咖啡的器皿及桌面等，这些都是画面的组成部分，所以要先将这些道具准备好。

◎ 工作人员分配

拍摄此视频共需要 4 名工作人员，包括导演、负责拍摄视频的摄影师、拍摄照片的摄影师、制作咖啡的咖啡师。本片的导演也会兼顾一些助理的工作，例如道具的摆放，以及在拍摄过程中的一些辅助工作。

4 短片实际拍摄

在脚本已经写好的情况下，拍摄当天只需要按照脚本制定好的每一个镜头保质保量地拍摄即可。

◎ 镜头 01

视频开头，先拍摄 3 秒所有器具的整体展示镜头，如图 8-16 所示。在拍摄这个镜头时，要根据每一个道具的外形进行摆放，背景不宜太复杂，要恰如其分地衬托出这些器具，整个画面的构图既要有层次又不能显得杂乱。如果背景的装饰物较多，无法避免杂乱的现象，可以把光圈调大一点，让背景稍微虚化。

图 8-16

◎ 镜头 02

冲杯和分享壶作为制作手冲咖啡最主要的器具，又是主图中销售的商品，需要单独进行拍摄。为了更好地展示细节，让消费者更多地了解该商品，可以采用特写镜头拍摄，如图 8-17 所示。由于冲杯和分享壶高度不一样，放在一起拍摄特写时，在一个画面中无法全部呈现出来，所以要用移摄的手法，镜头从商品上方滑动到下方，完整地展示商品，这时要注意镜头起点和落点的位置。

图 8-17

◎ 镜头 03、04

03 和 04 这两个镜头都是为了单独展示一个器具，因此同 02 镜头一样采用特写镜头拍摄，运用移摄的手法。但是由于细嘴手冲壶和过滤纸的外形比较矮小、扁平，所以镜头的滑动采用了旋转和左右移动的方式，但是幅度不要太大。03 和 04 这两个镜头在落点上要注意画面的结构，细嘴手冲壶位于画面的右侧三分之二处，过滤纸位于画面的下方三分之二处，都符合黄金分割比例，如图 8-18 所示。

图 8-18

◎ 镜头 05

展示完咖啡器具后，就要展示咖啡豆了。这个镜头采用近景的景别拍摄，使用固定拍摄的手法将咖啡豆从咖啡杯里缓缓地倒入盘子中。如图 8-19 所示。构图上咖啡杯和盘子在画面的右侧，左侧留白，这是采用了"二分构图法"来表现，这样的画面具有通透感，不会显得太满。由于咖啡豆落到盘子里是动态的，因此拍摄时要注意画面的稳定性。

◎ 镜头 06

这个镜头从俯视的角度，使用固定拍摄的手法展示称咖啡豆的过程，器皿放在画面居中的位置，如图 8-20 所示。

图 8-19   图 8-20

◎ 镜头 07、08

07 和 08 这两个镜头是在同一个背景前拍摄同一件物品的使用步骤。两个镜头都是采用特写镜头，并且都是从水平角度去拍摄。为了有所变化，07 镜头运用固定拍摄的手法拍摄把咖啡豆倒入研磨机的过程，08 镜头运用了自上而下移动的拍摄手法，最后停留在研磨机上，如图 8-21 所示。

图 8-21

◎ 镜头 09

从俯拍的角度，运用特写镜头来拍摄研磨好的咖啡粉，展示其粗细效果。画面很简单，因此将咖啡粉放在画面中间，清晰明了，如图 8-22 所示。

◎ 镜头 10

这个镜头采用近景的景别拍摄，使用固定拍摄的手法展示过滤纸的折叠方法，如图 8-23 所示。在拍摄这个镜头时应将相机放在三脚架上，注意拍摄过程中尽量不要让咖啡师的手部和过滤纸出画，避免画面的不完整。

图 8-22　　　　　　　　　　　　　图 8-23

◎ 镜头 11

将咖啡器具摆放在画面中间的位置，从 45° 俯视的角度，运用固定拍摄的手法，拍摄热气冒出来的状态，如图 8-24 所示。

◎ 镜头 12

从俯视角度，运用特写镜头拍摄用细嘴手冲壶将热水均匀地冲在过滤纸上，使过滤纸全部湿润后紧贴在滤杯壁上的过程，如图 8-25 所示。

图 8-24　　　　　　　　　　　　　　　　　图 8-25

◎ **镜头 13**

整个画面采用中间构图，为了表现水流入分享壶中温暖分享壶的过程，需要采用移摄的手法自上而下进行拍摄，如图 8-26 所示。

图 8-26

◎ **镜头 14、15、16**

14、15、16 这 3 个镜头都是从俯视的角度进行固定镜头拍摄。为了清晰地表现第 1 次给咖啡冲水到焖煮的过程，运用特写镜头拍摄，过滤杯几乎充满了整个画面，将观众的视线集中在咖啡和冲水的手法上。拍摄时，由于过滤杯有一定的深度，光线比较弱，咖啡粉凹在里面，拍摄出来的咖啡粉一团黑，看不到咖啡粉的细节，因此可以借用手机的手电筒进行补光，如图 8-27 所示。

图 8-27

◎ **镜头 17**

拍摄第 2 次冲水的过程，依旧采用和镜头 16 一样的拍摄手法和构图形式，如图 8-28 所示。

◎ **镜头 18**

从平视的角度，使用特写镜头拍摄咖啡从滤杯慢慢注入分享壶的过程，如图 8-29 所示。

图 8-28   图 8-29

◎ **镜头 19**

拍摄第3次冲水的过程，依旧采用和镜头16一样的拍摄手法和构图形式，如图8-30所示。

◎ **镜头 20**

此镜头重复镜头18的拍摄手法，展示咖啡从滤杯口慢慢注入分享壶的过程，如图8-31所示。

图 8-30   图 8-31

◎ **镜头 21**

镜头 21 采用特写镜头，运用固定拍摄的手法表现咖啡的状态。构图上将分享壶放在画面的左侧三分之二的位置，如图 8-32 所示。

◎ **镜头 22**

将做好的咖啡徐徐倒入白色的咖啡杯中，如图 8-33 所示。

图 8-32   图 8-33

◎ **镜头 23**

这个镜头表现模特惬意地坐在咖啡馆里享用手冲咖啡。为了配合脚本表现出温馨舒适的画风，在这个场景中模特的右侧是门窗，室外照射的阳光刚好可以作为一个天然的主灯。模特头顶上方有一个很大的顶灯，可以将模特面部照亮，让模特看起来更加立体。这个镜头运用拉镜头的方式从近景拉至远景，交代了模特和场景及商品之间的关系，并以此为结束镜头，如图 8-34 所示。

图 8-34

任务 8.2   制作手冲咖啡教学视频

8.2.1 任务引入

本任务要求读者首先了解各种剪辑工具；然后通过制作手冲咖啡教学视频，掌握教学视频的后期处理要点与后期处理方法。

8.2.2 任务知识：剪辑工具

常用的剪辑工具如图 8-35 所示。

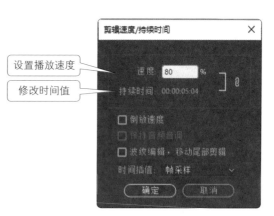

设置播放速度

修改时间值

"视频效果"特效文件夹

（a）"剪辑速度 / 持续时间"对话框   （b）"视频效果"特效分类

图 8-35

微课

制作手冲咖啡
教学视频 1

微课

制作手冲咖啡
教学视频 2

微课

制作手冲咖啡
教学视频 3

微课

制作手冲咖啡
教学视频 4

微课

制作手冲咖啡
教学视频 5

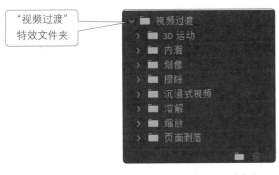

（c）"视频过渡"特效分类　　　　（d）"新建字幕"对话框

图 8-35（续）

8.2.3 任务实施

1 素材的导入

Premiere Pro CC 2019 支持大部分主流的视频、音频及图像文件格式，选择"文件 > 导入"命令，在"导入"对话框中选择需要的文件格式和文件即可导入文件。

（1）启动 Premiere Pro CC 2019，选择"文件 > 新建 > 项目"命令，弹出"新建项目"对话框，如图 8-36 所示，单击"确定"按钮，新建项目。选择"文件 > 新建 > 序列"命令，弹出"新建序列"对话框，单击"设置"选项卡，设置如图 8-37 所示，单击"确定"按钮，新建序列。

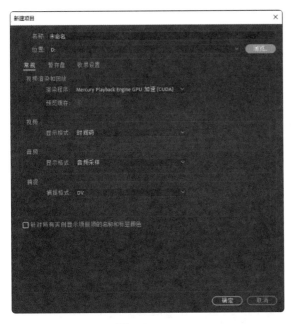

图 8-36　　　　　　　　　　　　图 8-37

（2）选择"文件 > 导入"命令，或按 Ctrl+I 组合键，弹出"导入"对话框，选择需要导入的文件，如图 8-38 所示，单击"打开"按钮，导入素材。序列文件导入后的状态如图 8-39 所示。

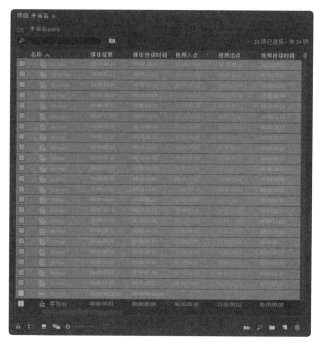

图 8-38　　　　　　　　　　　　图 8-39

2 素材的剪辑与组接

在 Premiere Pro CC 2019 中，可以通过在"时间线"面板中增加或删除帧来剪辑素材，以改变素材的长度。

（1）在"项目"面板中选中"01"文件，将其拖曳到"时间线"面板中的"视频 1"轨道中，弹出"剪辑不匹配警告"对话框，如图 8-40 所示，单击"保持现有设置"按钮，在保持现有序列设置不变的情况下将文件放置在"视频 1"轨道中，效果如图 8-41 所示。

图 8-40　　　　　　　　　　　　图 8-41

（2）选中"时间线"面板中的"01"文件，如图 8-42 所示，单击鼠标右键，在弹出的菜单中选择"取消链接"命令，取消音频与视频的链接。选中"音频 1"轨道中的音频文件，按 Delete 键将其删除，效果如图 8-43 所示。

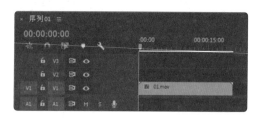

图 8-42　　　　　　　　　　　　图 8-43

（3）将时间标签放置在 05:00 的位置上，如图 8-44 所示。将鼠标指针放在"01"文件的结束位置并单击，显示编辑点。当鼠标指针变成◄形状时，向左拖曳鼠标指针到 05:00 的位置，效果如图 8-45 所示。

图 8-44

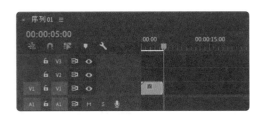

图 8-45

（4）选中"时间线"面板中的"01"文件，如图 8-46 所示。按 Ctrl+C 组合键复制"01"文件。按 Ctrl+V 组合键粘贴"01"文件，如图 8-47 所示。

图 8-46

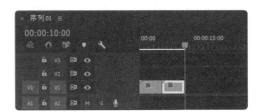

图 8-47

（5）用相同的方法将其他素材拖曳到"时间线"面板中并进行剪辑，如图 8-48 所示。

图 8-48

（6）选中"时间线"面板中的"10"文件，单击鼠标右键，在弹出的菜单中选择"剪辑速度/持续时间"命令，在弹出的对话框中进行设置，如图 8-49 所示，效果如图 8-50 所示。

图 8-49

图 8-50

③ 添加特效与转场

（1）选择"效果"面板，展开"视频效果"特效文件夹，单击"风格化"文件夹前面的三角形按钮▶将其展开，选中"彩色浮雕"特效，如图8-51所示。将"彩色浮雕"特效拖曳到"时间线"面板"视频1"轨道中的"01"文件上。选择"效果控件"面板，展开"彩色浮雕"选项，将"起伏"设置为3.00，其他选项的设置如图8-52所示。在"节目"面板中预览效果，如图8-53所示。

图8-51　　　　　　　　　　　图8-52　　　　　　　　　　　　　　图8-53

（2）选择"效果"面板，展开"视频过渡"特效文件夹，单击"3D运动"文件夹前面的三角形按钮▶将其展开，选中"立方体旋转"特效，如图8-54所示。将"立方体旋转"特效拖曳到"时间线"面板"视频1"轨道中的前一个"01"文件的结束位置与后一个"01"文件的开始位置，如图8-55所示。

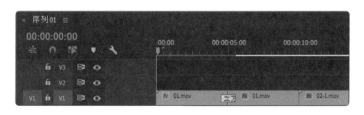

图8-54　　　　　　　　　　　　　　　　　图8-55

（3）选择"效果"面板，单击"擦除"文件夹前面的三角形按钮▶将其展开，选中"双侧平推门"特效，如图8-56所示。将"双侧平推门"特效拖曳到"时间线"面板"视频1"轨道中的第二个"01"文件的结束位置与"02-1"文件的开始位置，如图8-57所示。

（4）使用相同的方法为其他文件添加需要的转场效果，如图8-58所示。

图 8-56

图 8-57

图 8-58

④ 添加字幕与音频

（1）将时间标签放置在 36:00 的位置上，选择"文件 > 新建 > 旧版标题"命令，弹出"新建字幕"对话框，如图 8-59 所示，单击"确定"按钮。选择"工具"面板中的"文字"工具**T**，在"字幕"面板中输入需要的文字。在"旧版标题属性"面板中展开"变换"栏，各选项的设置如图 8-60 所示。

图 8-59

图 8-60

（2）展开"属性"栏，各选项的设置如图 8-61 所示。展开"填充"栏，将"颜色"设置为白色；展开"描边"栏，将"颜色"设置为黑色，其他选项的设置如图 8-62 所示，效果如图 8-63 所示。关闭"字幕"面板，新建的字幕文件将自动保存到"项目"面板中。

图 8-61

图 8-62

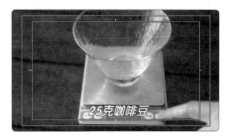

图 8-63

（3）在"项目"面板中选中"字幕01"文件，将其拖曳到"时间线"面板中的"视频2"轨道中，如图8-64所示。将鼠标指针放置在"字幕01"文件的结束位置并单击，显示编辑点。当鼠标指针变成◀形状时，向左拖曳鼠标指针到适当的位置，效果如图8-65所示。

图8-64

图8-65

（4）使用相同的方法为其他素材添加需要的文字说明，如图8-66所示。

图8-66

（5）在"项目"面板中选中"22"文件，将其拖曳到"时间线"面板中的"音频1"轨道中，如图8-67所示。将鼠标指针放置在"22"文件的结束位置并单击，显示编辑点。当鼠标指针变成◀形状时，向左拖曳鼠标指针到"21"文件的结束位置，效果如图8-68所示。

图8-67

图8-68

（6）选中"时间线"面板中的"22"文件，选择"效果"面板，展开"音频效果"特效文件夹，选中"模拟延迟"特效，如图8-69所示。将"模拟延迟"特效拖曳到"时间线"面板"音频1"轨道中的"22"文件上。在"效果控件"面板中进行设置，如图8-70所示。

图 8-69

图 8-70

⑤ 视频的输出

（1）选择"文件 > 导出 > 媒体"命令，弹出"导出设置"对话框。

（2）在"导出设置"栏中勾选"与序列设置匹配"选项，在"输出名称"文本框中输入文件名并设置文件的保存路径，其他选项的设置如图 8-71 所示。

（3）设置完成后，单击"导出"按钮，输出 MPEG 格式的影片。

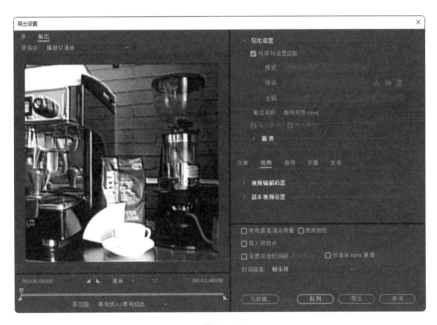

图 8-71

任务 8.3 项目演练——制作花艺活动宣传视频

8.3.1 任务引入

本任务要求读者通过制作花艺活动宣传视频，掌握宣传视频的后期处理要点与后期处理方法。视频效果如

微课

制作花艺活动
宣传视频1

微课

制作花艺活动
宣传视频2

微课

制作花艺活动
宣传视频3

图 8-72 所示。

图 8-72

8.3.2　任务知识：剪辑工具

本任务用到的工具同任务 8.2。